U0617119

高职高专大数据技术专业系列教材

Python数据分析与应用

程东升　黄锐军　编著

西安电子科技大学出版社

内 容 简 介

本书从 Python 的基本语法入手，由浅入深、循序渐进地引领读者从 Python 的基本程序开始，逐步进入 Python 数据爬取、数据分析、机器学习等内容的学习。本书内容分为 5 个项目，第 1 个项目介绍了 Python 的基本程序结构，包括 Python 的条件、循环、异常等程序语句与结构。第 2 个项目介绍了函数与模块、字符串、列表、元组、字典、集合等数据类型的应用与文件操作。第 3 个项目介绍了 Web 程序的基本概念与 Python 爬取 Web 网站数据的基本方法。第 4 个项目介绍了 NumPy、Pandas、Matplotlib 等 Python 数据分析模块的操作与应用。第 5 个项目介绍了 K-means、KNN、线性回归等机器学习的基本方法，同时介绍了 sklearn 机器学习库的基本应用。为了进一步学习与巩固所学知识与技能，在各项目的结尾都设计了一个综合任务。

本书可作为高职高专院校大数据技术与应用、计算机信息管理、云计算技术与应用等专业的教材，也可作为从事大数据开发的专业技术人员的参考书。相关教学课件请登录 www.xduph.com 进行下载。

图书在版编目(CIP)数据

Python 数据分析与应用 / 程东升，黄锐军编著. —西安：西安电子科技大学出版社，2020.5(2022.7 重印)
ISBN 978-7-5606-5633-5

Ⅰ. ①P… Ⅱ. ①程… ②黄… Ⅲ. ①软件工具—程序设计—高等职业教育—教材
Ⅳ. ①TP311.561

中国版本图书馆 CIP 数据核字(2020)第 049761 号

策　　划　明政珠
责任编辑　明政珠　秦志峰
出版发行　西安电子科技大学出版社(西安市太白南路 2 号)
电　　话　(029)88202421　88201467　　　　邮　　编　710071
网　　址　www.xduph.com　　　　　电子邮箱　xdupfxb001@163.com
经　　销　新华书店
印刷单位　咸阳华盛印务有限责任公司
版　　次　2020 年 5 月第 1 版　　2022 年 7 月第 2 次印刷
开　　本　787 毫米×1092 毫米　1/16　　印 张　14.25
字　　数　329 千字
印　　数　3001～6000 册
定　　价　35.00 元

ISBN 978 - 7 - 5606 - 5633 - 5 / TP

XDUP 5935001-2

如有印装问题可调换

序

在举世瞩目的十九大报告中，习近平总书记提出："加快建设制造强国，加快发展先进制造业，推动互联网、大数据、人工智能和实体经济深度融合……"自从 2014 年大数据首次写入政府工作报告，大数据逐渐成为各级政府关注的热点。2015 年 9 月，国务院印发《促进大数据发展行动纲要》，系统部署了我国大数据发展工作，至此，大数据成为国家级的发展战略。2017 年 1 月，工信部编制印发《大数据产业发展规划(2016—2020 年)》。2019 年 12 月 8 日下午在中共中央政治局就实施国家大数据战略进行第二次集体学习会议中，中共中央总书记习近平在主持学习时强调，大数据发展日新月异，我们应该加快完善数字基础设施，推进数据资源整合和开放共享，保障数据安全，加快建设数字中国，更好地服务于我国经济社会发展和人民生活改善。

为对接大数据国家发展战略，教育部批准于 2017 年开办高职"大数据技术"专业，2017 年全国共有 64 所职业院校获批开办该专业，2020 年全国 619 所高职院校成功申报"大数据技术"专业，"大数据技术"专业已经成为高职院校最火爆的新增专业。

为培养满足经济社会发展的大数据人才，加强粤港澳大湾区区域内高职院校的协同育人和资源共享，2018 年 6 月，在广东省人才研究会的支持下，由广州番禺职业技术学院牵头，联合深圳职业技术学院、广东轻工职业技术学院、广东科学技术职业学院、广州市大数据行业协会、佛山市大数据行业协会、香港大数据行业协会、广东职教桥数据科技有限公司、广东泰迪智能科技股份有限公司等 200 余家高职院校、协会和企业，成立了广东省人才研究会大数据产教联盟，联盟先后开展了大数据产业发展、人才培养模式、课程体系构建、深化产教融合等主题研讨活动。

课程体系是专业建设的顶层设计，教材开发是专业建设和三教改革的核心内容。为了贯彻党的十九大精神，普及和推广大数据技术，为高职院校人才培养做好服务，西安电子科技大学出版社在广泛调研的基础上，结合自身的出版优势，联合广东省人才研究会大数据产教联盟策划了"高职高专大数据技术专业系列教材"。

为此，广东省人才研究会大数据产教联盟和西安电子科技大学出版社于 2019 年 7 月在广东职教桥数据科技有限公司召开了"广东高职大数据技术专业课程体系构建与教材编写研讨会"。来自广州番禺职业技术学院、深圳职业技术学院、深圳信息职业技术学院、广东科学技术职业学院、广东轻工职业技术学院、中山职业技术学院、广东水利电力职业技术学院、佛山职业技术学院、广东职教桥数据科技有限公司、广东泰迪智能科技股份有限公司和西安电子科技大学出版社等单位的 30 余位校企专家参与研讨。大家围绕大数据技术与应用专业人才培养定位、培养目标、专业基础(平台)课程、专业能力课程、专业拓展(选修)课程及教材编写方案进行深入研讨。最后形成了如表 1 所示的高职高专大数据技术与应用专业课程体系。在课程体系中，为加强动手能力培养，从第三学期到第五学期，开设了 3 个共 8 周的项目实践项目；为形成专业特色，第五学期的课程，除 4 周的大数据项目开发实践外，其他都是专业拓展课程，各学校根据区域大数据产业发展需求、学生职业发展需要和学校办学条件，开设纵向延深、横向拓宽及 X 证书的专业拓展选修课程。

表 1　高职大数据技术专业课程体系

序号	课程名称	课程类型	建议课时
第一学期			
1	大数据技术导论	专业基础	54
2	Python 编程技术	专业基础	72
3	Excel 数据分析应用	专业基础	54
4	WEB 前端开发技术	专业基础	90
第二学期			
5	计算机网络基础	专业基础	54
6	Linux 基础	专业基础	72
7	数据库技术与应用(MySQL 版或 NoSQL 版)	专业基础	72
8	大数据数学基础——基于 Python	专业基础	90
9	Java 编程技术	专业基础	90
第三学期			
10	Hadoop 技术与应用	专业能力	72
11	数据采集与处理技术	专业能力	90
12	数据分析与应用——基于 Python	专业能力	72
13	数据可视化技术(ECharts 版或 D3 版)	专业能力	72
14	网络爬虫项目实践(2 周)	项目实训	56
第四学期			
15	Spark 技术与应用	专业能力	72
16	大数据存储技术——基于 HBase/Hive	专业能力	72
17	大数据平台架构(Ambari,Cloudera)	专业能力	72
18	机器学习技术	专业能力	72
19	数据分析项目实践(2 周)	专业能力	56
第五学期			
20	大数据项目开发实践(4 周)	专业能力	112
21	大数据平台运维(含大数据安全)	专业拓展(选修)	54
22	大数据行业应用案例分析	专业拓展(选修)	54
23	Power BI 数据分析	专业拓展(选修)	54
24	R 语言数据分析与挖掘	专业拓展(选修)	54
25	文本挖掘与语音识别技术——基于 Python	专业拓展(选修)	54
26	人脸与行为识别技术——基于 Python	专业拓展(选修)	54
27	无人系统技术(无人驾驶、无人机)	专业拓展(选修)	54
28	其他专业拓展课程	专业拓展(选修)	
29	X 证书课程	专业拓展(选修)	
第六学期			
29	毕业设计		
30	顶岗实习		

基于此课程体系，与会专家和老师研讨了"大数据技术"专业相关课程的编写大纲，各主编教师就相关选题进行了写作思路汇报，大家相互讨论，梳理和确定了每一门教材的编写内容与计划，最终形成了该系列教材。

本系列教材由广东省部分高职院校联合大数据与人工智能企业共同策划出版，汇聚了校企多方资源及各位主编和专家的集体智慧，在本系列教材出版之际，特别感谢深圳职业技术学院数字创意与动画学院院长聂哲教授、深圳信息职业技术学院软件学院院长蔡铁教授、广东科学技术职业学院计算机工程技术学院（人工智能学院）院长曾文权教授、广东轻工职业技术学院信息技术学院院长秦文胜教授、中山职业技术学院信息工程学院院长史志强教授、顺德职业技术学院智能制造学院院长杨小东教授、佛山职业技术学院电子信息学院院长唐建生教授、广东水利电力职业技术学院计算机系系主任何小苑教授，他们对本系列教材的出版给予了大力支持，安排学校的大数据专业带头人和骨干教师积极参与教材的开发工作；特别感谢广东省人才研究会大数据产教联盟秘书长：广东职教桥数据科技有限公司董事长陈劲先生提供交流平台和多方支持；特别感谢广东泰迪智能科技股份有限公司董事长张良均先生为本系列教材提供技术支持和企业应用案例；特别感谢西安电子科技大学出版社副总编辑毛红兵女士为本系列教材提供出版支持。也要感谢广州番禺职业技术学院信息工程学院胡耀民博士、詹增荣博士、陈惠红老师、赖志飞博士等的积极参与。感谢所有为本系列教材出版付出辛勤劳动的各位院校的老师、企业界的专家和出版社的编辑们！

由于大数据技术发展迅速、教材出现错误在所难免，敬请专家和使用者批评指正，以便改正完善。

广州番禺职业技术学院

余 明 辉

2020 年 6 月

高职高专大数据技术专业系列教材编委会

前 言

Python 语言具有开源、免费、功能强大、语法简洁清晰、简单易学、数据类型丰富、面向对象等特点，非常适合初学者学习。而且 Python 有十分丰富的程序包来满足用户需求，这也是 Python 的魅力所在。近年来 Python 语言在数据分析、人工智能等领域得到了广泛的应用。

如果你是一个初学者，想学习 Python 程序设计基础、Python 数据分析、Python 机器学习基础，那么本书是很合适的选择。

本书采用项目驱动的模式编写，全书共 5 个项目，涵盖了 Python 程序基础、数据分析、机器学习等基本知识与技能。第 1 个项目为 "Python 程序设计基础"，介绍了 Python 的基本程序结构，包括 Python 的条件、循环、异常等程序语句与结构。第 2 个项目为 "Python 程序设计进阶"，介绍了函数与模块、字符串、列表、元组、字典、集合等数据类型的应用与文件操作。第 3 个项目为 "Python 数据采集基础"，介绍了 Web 程序的基本概念与 Python 爬取 Web 网站数据的基本方法。第 4 个项目为 "Python 数据分析基础" 介绍了 NumPy、Pandas、Matplotlib 等 Python 数据分析模块的操作与应用。第 5 个项目为 "Python 机器学习基础"，介绍了 K-means、KNN、线性回归等机器学习的基本方法，同时介绍了 sklearn 机器学习库的基本应用。为了进一步学习与巩固所学知识与技能，在各项目的结尾都设计了一个综合任务。

要学习好一门程序语言，除了要掌握语言的基本规则外，还要经过大量的实践，学习程序设计是一个 "学中做、做中学" 的循环过程。只有把学习的知识应用到实践中，才能巩固所学知识，提高编程技能。

本书是深圳信息职业技术学院的一线教师经过多年的教学积累，对讲义进行改编与完善后编写完成的，适合职业院校相关专业作为教材使用，建议教学学时为 54 学时。

由于作者水平有限，难免有考虑不周或疏漏之处，欢迎广大读者批评指正。

编　者

2019 年 12 月

目　录

项目 1　Python 程序设计基础

Python 是一种编程语言，使用它可以开发各种各样的程序，本项目内容涉及程序的基本语法、数据类型、分支语句、循环语句、异常等基本结构，通过本项目的学习，读者能使用 Python 编写简单的程序。

本项目的主要学习目标如下：

(1) 掌握基本数据类型；

(2) 掌握基本程序结构；

(3) 掌握条件分支语句结构；

(4) 掌握 while 和 for 循环结构；

(5) 掌握异常语句结构。

任务 1.1　认识 Python

1.1.1　Python 简介

Python 语言可以开发一般控制台程序、桌面程序、Web 程序等，它的库众多，而且语言简单，开发效率高。Python 语言在数据分析、人工智能等方面应用十分广泛，深受用户的喜爱。

Python 是一种面向对象的解释型计算机程序设计语言，由荷兰人 Guido van Rossum 于 1989 年发明，其第一个公开发行版发行于 1991 年。Python 2.0 于 2000 年发布，8 年后 Python 3.0 发布。Python 3.0 有一些主要的语法修正，与 Python 2.0 不兼容。目前 Python 已经发展到 3.x 版本。

Python 语言具有以下优点：

(1) 开源、免费、功能强大；

(2) 语法简洁清晰，强制用空白符(white space)作为语句缩进；

(3) 具有丰富的数据类型，对数据的处理灵活方便；

(4) 具有丰富和强大的库，满足用户多种功能需求；

(5) 易读、易维护，受到广大用户的欢迎，用途广泛。

Python 的最大缺点是它的运行速度较慢，因为它是解释性语句，与别的开发语言(例如

C、C++、Java、C# 等)比较，它的程序运行速度是较慢的，但是 Python 的开发效率是别的语言无法企及的，而且随着计算机软硬件的发展，Python 程序的运行速度也有了显著提高，一般的应用都不成问题。

1.1.2　Python 与数据分析

Python 在数据分析领域得到广泛应用，它有强大的数据分析库。Python 的功能实际上远远不限于数据分析，作为一种计算机程序开发语言，它还可以用来开发其他应用程序(例如桌面程序、Web 程序、爬虫程序、脚本程序等)，数据分析只是 Python 应用的一部分。

随着 Python 的发展与第三方数据分析库的加强，Python 表现出越来越强大的功能，不但在数据分析领域有突出的表现，而且可以做各种各样的程序开发，因此 Python 越来越受到用户的喜爱。

任务 1.2　搭建开发环境

1.2.1　Python 的安装

目前市场上使用较多的两个 Python 版本分别是 Python 2.x 和 Python 3.x。相对于 Python 2.x 的早期版本，Python 3.x 有较大的升级。为了不带入过多的累赘，Python 3.x 在设计的时候没有考虑向下兼容，因此许多用早期 Python 2.x 版本设计的程序都无法在 Python 3.x 上正常执行。Python 3.0 发布于 2008 年，到 2019 年为止已经发展到 Python 3.7 版本。为了顺应时代的发展，本书使用 Python 3.x 版本的语法。

要想知道Python各个版本的情况，可以进入 Python 的官方网站(https://www.python.org/)了解，如图 1-1 所示。

Release version	Release date		Click for more
Python 3.7.4	July 8, 2019	Download	Release Notes
Python 3.6.9	July 2, 2019	Download	Release Notes
Python 3.7.3	March 25, 2019	Download	Release Notes
Python 3.4.10	March 18, 2019	Download	Release Notes
Python 3.5.7	March 18, 2019	Download	Release Notes
Python 2.7.16	March 4, 2019	Download	Release Notes
Python 3.7.2	Dec. 24, 2018	Download	Release Notes
Python 3.6.8	Dec. 24, 2018	Download	Release Notes

图 1-1　Python 发行版本

进入 Python 的官方网站，选择一个版本，例如 3.7.4，点击"Download"，选择使用的操作系统例如 Windows(选择 Windows x86 executable installer 的版本)，并选择是 32 位还是

64 位的版本，下载安装包。下载之后，点击安装文件很快就可完成安装，如图 1-2 所示。安装时可以选择默认的安装目录，也可以自己确定安装目录。

图 1-2　Python 安装

注意：在安装时选择"Add Python 3.7 to PATH"非常重要，因为完成安装后会在 Windows 的系统路径 PATH 中附加 Python 3.7 的路径信息，方便在 DOS 命令行中直接执行 Python 程序。

1.2.2　Python IDE 简介

Python 安装完成后在 Windows 系统开始菜单可以看到它的相关项目，选择 Python IDE 或者在 DOS 命令行中直接键入"Python"就进入 Python Shell 环境，如图 1-3 所示。

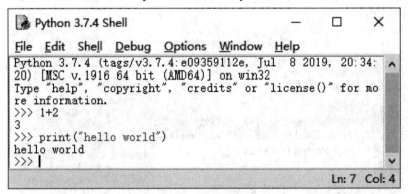

图 1-3　Python Shell

图 1-3 是 Python 的交互环境(或称为命令行环境)，在">>>"提示符号后面输入命令就可以执行操作。例如输入"1+2"后按回车键就显示出结果"3"，输入 print("hello world") 后按回车键显示出"hello world"。实际上只要用户输入一条正确的 Python 语句，就可以看到结果。

在 Python 的命令行环境中，只能运行一些简单的测试语句，不能编写程序。Python 安装后会自带一个集成开发环境 IDE，如图 1-4 所示，但是这个 IDE 的功能十分有限，不适合开发较复杂 Python 工程项目。因此使用 Python 编写程序时一般会采用第三方的 IDE，PyCharm 就是一款比较专业的 IDE 工具。

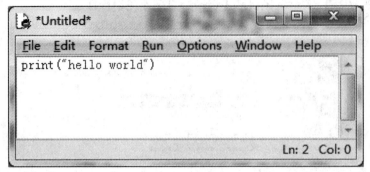

图 1-4　Python IDE

PyCharm 带有一整套可以帮助用户提高 Python 语言程序开发效率的工具，比如调试工具、Project 管理、单元测试、版本控制等。

用户可以到 PyCharm 的官方网站 http://www.jetbrains.com/pycharm/下载免费的 PyCharm Community 版本，这个版本虽然不及收费的 Professional 专业版本功能强大，但对于一般应用已经足够了。

1.2.3　编写 Python 程序

用 PyCharm 编写并执行 Python 程序是十分方便的，下面介绍用 PyCharm 来建立一个 "hello world" 的程序。

(1) 启动 PyCharm，建立一个项目，例如选择在 C 盘下建立 "Python Book" 的项目，进入后如图 1-5 所示。

图 1-5　PyCharm 建立项目

(2) PyCharm 中一个项目一般包含很多文件，选择 "Python Book" 项目，单击鼠标右键弹出菜单，选择 "Python File" 建立一个 Python 的程序文件，如图 1-6 所示。

在文件名称输入框中将这个文件命名为 hello.py，其中 Python 的 ".py" 是程序文件的扩展名，如图 1-7 所示。

图 1-6　建立 Python File　　　　　　　　　图 1-7　输入文件名称

(3) 可以看到 Python Book 项目下面建立了一个 hello.py 文件，双击 hello.py 后在 PyCharm 的右边窗体输入 hello.py 的程序代码，如图 1-8 所示。这个程序很简单，只输入了 print("hello world! ") 一条语句，它的作用是打印输出 "hello world！" 字符串。

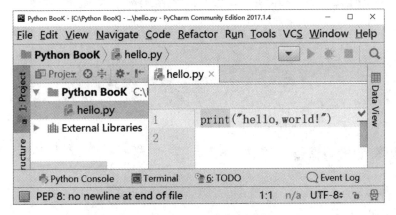

图 1-8　编写程序

(4) 程序输入完成后选择菜单 "Run"，并选择执行 hello.py 程序，然后在窗体的下面就可以看到程序执行的结果 "hello, world！"，后面显示 "Process finished with exit code 0"，表示程序执行成功，如图 1-9 所示。

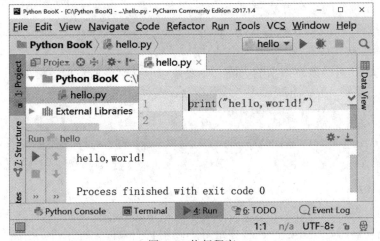

图 1-9　执行程序

如果程序输入错误，例如输入时把半角的双引号输成了全角的双引号，那么执行时会报错，如图 1-10 所示。由此可见 PyCharm 是一个很好的 Python 开发工具。

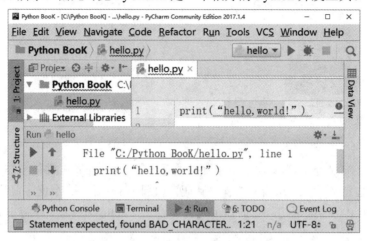

图 1-10　程序错误

任务 1.3　程序基本结构

1.3.1　标识符变量与保留字符

1. 标识符变量

标识符变量简称变量，是有名字的存储单元。变量的名字一般遵循下面的规则：

(1) 变量名以英文字母开始，后面可以跟若干个英文字母、数字或下划线；

(2) 变量名区分大小写，例如变量 A 与变量 a 不同；

(3) 变量名不宜太长，一般最好有一定的含义，例如用 radius 及 area 分别表示圆的半径及面积就是比较好的命名方法。

根据这些原则，a、x1、x12、xyz、name、age、student、tel、I_am_a_student 等变量名字是合法的，但 1x、123、x　y 等不合法。

Python 中的变量是没有类型的，同一个变量可以存储任何数据，例如：

```
m=1              # m 是整数
m="testing"      # m 是字符串
m=3.14           # m 是浮点数
print(m)
```

2. 保留字符

Python 有一些保留字符，如表 1-1 所示，例如 import、if、else、for、while、break 等，它们是控制语句和特殊语句，应用程序最好不要用它们来作为标识符，否则会引起混乱。

表 1-1 Python 常用保留字符

保留字符	说　　明
and	用于表达式运算、逻辑与操作
as	用于类型转换
assert	断言，用于判断变量或条件表达式的值是否为真
break	中断循环语句的执行
class	用于定义类
continue	继续执行下一次循环
def	用于定义函数或方法
del	删除变量或者序列的值
elif	条件语句，与 if else 结合使用
else	条件语句，与 if、elif 结合使用，也可以用于异常和循环语句
except	包括捕获异常后的操作代码，与 try、finally 结合使用
exec	用于执行 Python 语句
for	循环语句
finally	用于异常语句，出现异常后，始终要执行 finally 包含的代码块，与 try、except 结合使用
from	用于导入模块，与 import 结合使用
global	定义全局变量
if	条件语句，与 else、elif 结合使用
import	用于导入模块，与 from 结合使用
in	判断变量是否存在序列中
is	判断变量是否为某个类的实例
lambda	定义匿名函数
not	用于表达式运算，逻辑非操作
or	用于表达式运算，逻辑或操作
pass	空的类、函数、方法的占位符
print	打印语句
raise	异常抛出操作
return	用于从函数返回计算结果
try	包含可能会出现异常的语句，与 except、finally 结合使用
while	循环语句
with	简化 Python 的语句
yield	用于从函数依次返回值

1.3.2 缩进和多行语句

1. 多行语句

Python 程序一般一行写一条语句，相同性质的语句左边对齐，例如下面三条输出语句：

```
x="Hi !"
y="Everyone"
z=x+y
```

这种语句也可以写在同一行，语句之间使用分号分开，上面三条语句可写成：

```
x="Hi !"; y="Everyone"; z=x+y
```

一般建议把多条短的语句写在一行，大部分语句还是一条语句占一行。

2. 缩进语句

Python 的一些特殊语句(例如条件语句、循环语句等)规定要向右边缩进，这是 Python 程序的风格。

例 1-3-1　判断 x 是否是正数。

程序如下：

```
x=input("x=")
x=float(x)
if x>0:
    print("正数")
else:
    print("不是正数")
print(x)
```

这个程序先使用 x=input("x=")从键盘输入一个数值，使用 x=float(x)把 x 转为浮点数，然后使用判断语句判断 x 是否大于 0，如果 x > 0 就输出"正数"，不然输出"不是正数"。注意这个条件语句的格式，其中"if x>0:"与"else:"是对齐的，而 print("正数")与 print("不是正数")语句是缩进的，而且它们自己对齐，最后 print(x)又与 if 语句对齐。这种缩进语句的规则就是 Python 的语句规则，缩进的部分至少要缩进一格，但是为了美观一般建议按 Tab 键的定义缩进 4 格左右。

1.3.3 引号与注释

程序的注释语句是不执行的语句，是用来注释给程序员阅读的。在程序的关键部位写上注释语句是一个良好的习惯，增强了程序的阅读性。

Python 的单行注释语句用 # 开始，从 # 开始一直到末尾的部分是注释部分，另外还可以使用连续三个双引号或者单引号来注释多行。

例 1-3-2　编写判断 x 是否是正数的程序并加注释。

程序和注释如下：

```python
"""
注释：这个程序判断 x 是否是正数
"""
x=input("x=")          # 输入 x
# 把 x 转为 float 数据
x=float(x)
# 条件语句
if x>0:
    # 注意要缩进
    print("正数")
else:
    print("不是正数")
print(x)
```

1.3.4　输出与中文编码

1. 输出语句

Python 使用 print 语句进行输出，它可以输出任意多个数据，数据之间用逗号分开。

例 1-3-3　用 print 输出数据。

程序如下：

```python
x=1; y=2
print(1, 2, 1+2, "x+y=", x+y);
```

执行结果如下：

```
1 2 3 x+y = 3
```

2. 中文编码

在 Python 中采用 Unicode 编码，所有的英文字符与汉字都用 2 个字节表示，因此处理汉字与处理英文字符是一样的，没有太多区别。在 Python 中先使用函数 ord(x)查看 x 字符的编码，编码占 2 个字节，再使用 hex 函数把编码转为十六进制显示。

例 1-3-4　查看字符的编码。

程序如下：

```python
print(hex(ord("A")))
print(hex(ord("我")))
```

执行结果如下：

```
0x41
0x6211
```

其中字符 "A" 的编码是十六进制编码 0x41，或者表示成 2 字节的 0x0041，英文字符的

Unicode 编码与它的 ASCII 码数值是一样的。汉子字符"我"的十六进制编码是 0x6211，占 2 个字节。

任务 1.4 数 据 类 型

1.4.1 常用数据类型

1. 常用数据类型

Python 常用的数据类型有整数、浮点数、字符串、逻辑量等，字符串是使用单引号或者双引号引起来的一串字符，例如：

(1) 整数：1、100、−1、−5、6 等；

(2) 浮点数：3.14、−4.56、234.78 等；

(3) 字符串："student"、'I am learning'、"a"、"咳"、'你好' 等；

(4) 逻辑量：True、False。

2. 数据类型转换

(1) 数值转字符串。

数值是指整数与浮点数，通过 str(数值)可以把数值转为字符串，例如 a=1, b=1.2，那么 str(a), str(b)结果就是"1"",""1.2"。

(2) 字符串转数值。

字符串 s 通过 int(s)转为整数，通过 float(s)转为浮点数，例如：

```
s="10"
a=int(s)
s="1.2"
b=float(s)
print(a, b)
```

结果 a、b 是 10、1.2。

注意：字符串转数值时要保证该字符串看上去是一个数，不然会出现错误，例如：

```
s="1a"
a=int(s)
```

这个转换就是错误的，因为"1a"看上去不是一个有效的整数。

1.4.2 运算符

1. 算术运算符

算术运算符用于数据的数学运算，如表 1-2 所示。

表 1-2 算术运算符

运算符	描 述	实 例
+	两个对象相加	10+20 输出结果 30
−	两个对象相减	10−20 输出结果 −10
*	两个数相乘	10*20 输出结果 200
/	x 除以 y	20/10 输出结果 2
%	除法的余数	20%10 输出结果 0
**	x 的 y 次幂	2**3 为 2 的 3 次方，输出结果 8
//	取整除，商的整数部分	9//2 输出结果 4

2. 关系运算

关系运算就是关于数据的大小比较的运算，共有 6 种关系运算，如表 1-3 所示。

表 1-3 关 系 运 算

数学符号	Python 关系运算符号	说 明	举 例
>	>	大于	5>2
≥	>=	大于或等于	4>=3
<	<	小于	5<6
≤	<=	小于或等于	5<=6
=	==	等于	5==5
≠	!=	不等于	2!=3

关系运算表达式的结果是一个为 True 或 False 的逻辑值。例如 a+b>c+d，则可能 a+b 大于 c+d，此时 a+b>c+d 结果为 True，也有可能 a+b 不大于 c+d，此时 a+b>c+d 的结果为 False。

数值的比较是按其数学上的意义进行的，例如 3>2 为 True，−3>−2 为 False。

字符的比较是用字符的 Unicode 码进行的，例如"a">"A"为 True，因为"a"的 Unicode 值比"A"的大，在字符比较中有以下规律：

空格<"0"<"1"<……<"9"<"A"<"B"<……<"Z"<"a"<"b"<……<"z"<汉字

3. 逻辑运算

逻辑运算是指对逻辑值的运算，主要有"与(and)""或(or)""非(not)"三种运算，Python 语言中用 and、or、not 来表示，三种运算的关系如表 1-4 所示。

表 1-4 逻 辑 运 算

运算	举例	说 明
and	a and b	二元运算，仅当 a、b 两者都为 True 时结果才为 True，不然为 False
or	a or b	二元运算，只要 a、b 两者至少有一个为 True，结果就为 True，不然为 False
not	not a	一元运算，当 a 为 True 时结果才为 False，a 为 False 时结果为 True

在 and、or、not 三种运算中，非运算 not 级别最高，and 次之，or 运算级别最低。例如逻辑式 a and b or not c 是先运算 not c，之后运算 a and b，最后运算 or。

非运算作用在 and、or 及 not 运算中有如下规则：

(1) not(a and b)等价于 not a or not b；

(2) not(a or b)等价于 not a and not b；

(3) not(not a)等价于 a。

这些运算规则十分重要，在程序条件中常常用到。

例 1-4-1　判断一个整数 n 是否为奇数。

n 是否为奇数只要看它除 2 的余数是否为 0，因此判断如下：

(1) 如 n % 2=0，则 n 不是奇数，是偶数；

(2) 如 n % 2!=0，则 n 是奇数。

例 1-4-2　判断一年 y 是否为闰年。

根据年历的知识，一年是否为闰年的条件是满足下列条件之一：

(1) 这一年的年份数字(如 2019、2020)可被 4 整除，同时不能被 100 整除；

(2) 这一年可被 400 整除。

因此一年 y 是闰年的条件是以下逻辑值为 True：

$$(y \% 4==0) \text{ and } (y \% 100!=0) \text{ or } (y \% 400==0)$$

例 1-4-3　判断一个字母 c 是否为小写字母。

字母 c 是否是小写，就要看它是否在 a～z 之间，由于 Unicode 码中小写字母的值是连续的，因此只要 c>="a" and c<="z" 成立，c 就是小写字母。

这里注意不能写成 "a"<=c<="z" 的形式，这种形式是数学中的表达方法，在计算机中应写成 c>="a" and c<="z"。

1.4.3　成员与身份运算符

1. 成员运算符

除了以上的一些运算符之外，Python 还支持成员运算符，表 1-5 是部分测试实例，其测试过程中包含了一系列的成员，包括字符串，列表或元组，有"in"与"not in"两种。

表 1-5　成 员 运 算 符

运算符	描　　述	示　　例
in	如果在指定的序列中找到值，返回 True，否则返回 False	x in y 如果 x 在 y 序列中返回 True
not in	如果在指定的序列中没有找到值，返回 True，否则返回 False	x not in y 如果 x 不在 y 序列中，返回 True

2. 身份运算符

身份运算符用于比较两个对象的存储单元，有"is"与"is not"两种，如表 1-6 所示。

表 1-6 身 份 运 算 符

运算符	描 述	实 例
is	is 判断两个标识符是不是引用自一个对象	x is y, 类似 id(x) == id(y), 如果引用的是同一个对象, 则返回 True, 否则返回 False
is not	is not 判断两个标识符是不是引用自不同对象	x is not y, 类似 id(a) != id(b)。如果引用的不是同一个对象, 则返回结果 True, 否则返回 False

1.4.4 格式化输出

1. 整数格式化输出

整数就是数学上的正负整数, 整数的输出规则如下:

(1) 用%d 输出一个整数;

(2) 用%wd 输出一个整数, 宽度是 w, 若 w > 0 则右对齐, 若 w < 0 则左对齐, 若 w 的宽度小于实际整数占的位数, 则按实际整数宽度输出;

(3) 用%0wd 输出一个整数, 宽度是 w, 此时 w > 0 右对齐, 如果实际的数据长度小于 w, 则右边用 0 填充;

(4) 用%d 输出的一定是整数, 如果实际值不是整数, 那么会转为整数。

例 1-4-4 整数的格式化输出。

这个程序展示了整数的输出规则, 为了查看清楚在整数的左右各放一个竖线(丨)来界定左右边界。程序如下:

```
m=12
print("|%d|"  % m)
print("|%4d|"  % m)
print("|%-4d|"  % m)
print("|%04d|"  % m)
print("|%-04d|"  % m)
m=12345
print("|%d|"  % m)
print("|%4d|"  % m)
print("|%-4d|"  % m)
print("|%04d|"  % m)
print("|%-04d|"  % m)
```

执行结果如下:

```
|12|
|  12|
|12  |
|0012|
```

```
|12   |
|12345|
|12345|
|12345|
|12345|
|12345|
```

例 1-4-5 输出日期时间。

这个程序采用整数的输出规则，按"YYYY-MM-DD HH:MM:SS"的格式输出日期时间。程序如下：

```
year=201.5
month=2
day=1
hour=8
minute=12
second=0
print("Time: %04d-%02d-%02d %02d:%02d:%02d" % (year, month, day, hour, minute, second))
```

执行结果如下：

```
Time: 0201-02-01 08:12:00
```

2. 浮点数格式化输出

浮点数就是数学上的实数，浮点数格式化输出的规则如下：

(1) 用%f输出一个实数；

(2) 用%w.pf输出一个实数，总宽度是 w，小数位占 p 位(p>=0)，如果 w>0 则右对齐，w<0 则左对齐，如果 w 的宽度小于实际实数占的位数，则按实际宽度输出，小数位一定是 p 位，按四舍五入的原则进行，如果 p=0 则表示不输出小数位。注意输出的符号、小数点都要各占一位。

例 1-4-6 输出实数。

这个程序展示了实数的输出规则，为了查看清楚，在实数的左右各放一个竖线(|)来界定左右边界。程序如下：

```
m=12.57432
print("|%f|"    % m)
print("|%8.1f|"    % m)
print("|%8.2f|"    % m)
print("|%-8.1f|"    % m)
print("|%-8.0f|"    % m)
```

执行结果如下：

```
|12.574320|
|    12.6|
```

```
|    12.57|
|12.6    |
|13      |
```

3. 字符串的输出

字符串的输出规则如下：

(1) 用%s 输出一个字符串；

(2) 用%ws 输出一个字符串，宽度是 w，若 w > 0 则右对齐，若 w < 0 则左对齐，若 w 的宽度小于实际字符串占的位数，则按实际宽度输出。

例 1-4-7 输出字符串。

这个程序展示了字符串的输出规则，为了查看清楚，在字符串的左右各放一个竖线(|)来界定左右边界。程序如下：

```
m="ab"
print("|%s|"   % m)
print("|%8s|"   % m)
print("|%-8s|"   % m)
```

执行结果如下：

```
|ab|
|      ab|
|ab      |
```

任务 1.5　条件分支语句

1.5.1　条件语句

简单条件语句有如下几种格式：

格式一：

```
if   条件:
     语句
```

其中条件后面有 "："，执行的语句要向右边缩进。这种格式的含义是当条件成立时，便执行指定的语句，执行完后接着执行 if 后下一条语句；如果条件不成立，则该语句不执行，转去 if 的下一条语句。

第一种格式中 "语句" 一般只有一条，if 语句也是一条，在一行写完。第二种格式的 "语句" 可以是一条或多条，形成一个语句块。

格式二：

```
if 条件:
     语句 1
```

```
    else:
        语句 2
```

这种格式的含义是当条件成立时，便执行指定的语句 1，执行完后接着执行 if 后下一条语句；如条件不成立，则执行指定的语句 2，执行完后接着执行 if 的下一条语句。

其中 else 后面有 "："，语句 1、语句 2 都向右边缩进，而且要对齐。一般语句 1、语句 2 都可以包含多条语句。

例 1-5-1 输入一个整数，判断它是奇数还是偶数。

设输入的整数是 n，若 n%2==0 则是偶数，不然为奇数，程序如下：

```
n=input("Enter:")
n=int(n)
if n%2==0:
    print("Even")
else:
    print("Odd")
```

例 1-5-2 输入一个整数，输出其绝对值。

程序如下：

```
n=input("Enter:")
n=int(n)
if n>=0:
    print(n)
else:
    print(-n)
```

例 1-5-3 输入两个整数，输出最大的一个。

这是求两个数中最大值的问题，设输入的数为 a 与 b，则 a>b 时，最大值是 a，不然为 b。程序如下：

```
a=input("a=")
b=input("b=")
a=float(a)
b=float(b)
if a>b:
    c=a
else:
    c=b
print(c)
```

或者：

```
a=input("a=")
b=input("b=")
a=float(a)
```

```
b=float(b)
c=a
if a<b:
    c=b
print(c)
```

1.5.2　复杂条件语句

复杂分支 if 条件语句的格式如下：

```
if 条件 1:
    语句 1
elif 条件 2:
    语句 2
    …
elif 条件 n:
    语句 n
else:
    语句 n+1
```

这种格式的含义是当条件 1 成立时，便执行指定的语句 1，执行完后，接着执行 if 的下一条语句；如果条件 1 不成立，则判断条件 2，当条件 2 成立时，执行指定的语句 2，执行完后，接着执行 if 后下一条语句；如果条件 2 不成立，则继续判断条件 3……判断条件 n，如果条件成立则执行语句 n，接着执行 if 后下一条语句；如果条件 n 还不成立，则最后只有执行语句 n+1，执行完后，接着执行 if 后下一条语句。

其中每个条件后有 "："，语句 1、语句 2…… 都向右边缩进，而且要对齐。一般语句 1、语句 2…… 都可以包含多条语句。

例 1-5-4　输入一个学生的整数成绩 m，按[90, 100]、[80，89]、[70，79]、[60，69]、[0，59]的范围分别给出 A、B、C、D、E 的等级。

分析：输入的成绩可能不合法(小于 0，或大于 100)，也可能在[90, 100]、[80，89]、[70，79]、[60，69]、[0，59]的其中一段之内，可以用复杂分支的 if 结构来处理。程序如下：

```
m=input("Enter mark:")
m=float(m)
if m<0 or m>100:
    print("Invalid")
elif m>=90:
    print("A")
elif m>=80:
    print("B")
elif m>=70:
```

```
    print("C")
elif m>=60:
    print("D")
else:
    print("E")
```

例 1-5-5 输入 0～6 的整数，把它作为星期，其中 0 对应星期日，1 对应星期一 …… 输出 Sunday, Monday, Tuesday, Wednesday, Thursday, Friday, Saturday。

设输入的整数为 w，根据 w 的值可以用 switch 语句，分为 8 个情形，程序如下：

```
w=input("w=")
w=int(w)
if w==0:
    s="Sunday"
elif w==1:
    s="Monday"
elif w==2:
    s="Tuesday"
elif w==3:
    s="Wednesday"
elif w==4:
    s="Thursday"
elif w==5:
    s="Friday"
elif w==6:
    s="Sturday"
else:
    s="Unknown"
print(s)
```

例 1-5-6 一元二次方程的解。

输入一元二次方程的系数 a、b、c，求它的根，根据数学知识，一元二次方程如下：

$$ax^2 + bx + c = 0$$

如果：$b^2 - 4ac \geq 0$，则有两个根：

$$x_{1,2} = \frac{-b \pm \sqrt{b^2 - 4ac}}{2a}$$

程序如下：

```
a=input("a=")
b=input("b=")
c=input("c=")
```

```
a=float(a)
b=float(b)
c=float(c)
if a!=0:
    d=b*b-4*a*c
    if d>0:
        d=math.sqrt(d)
        x1=(-b+d)/2/a
        x2 = (-b - d) / 2 / a
        print("x1=", x1, "x2=", x2)
    elif d==0:
        print("x1, x2=", -b/2/a)
    else:
        print("无实数解")
else:
    print("不是一元二次方程")
```

例如：

```
a=1
b=2
c=1
x1, x2= −1.0
```

任务 1.6 while 循 环

程序设计中经常使用循环执行的方法，例如循环输出 100 之内的偶数。循环语句是程序设计的第三种类型的语句，教学目标就是来认识这种循环语句的使用方法，例如通过它计算学生的平均成绩等。

1.6.1 while 循环语句

while 循环的语法如下：

```
while condition:
    body
```

while 循环包含三个部分，一是循环变量的初始化，二是循环条件，三是循环体。循环体中一定要包含循环变量的变化，循环体 boty 的语句向右边缩进，例如：

```
i=0            # 循环变量初始化
while i<4:
```

```
    print(i)              # 循环体
    i=i+1                 # 循环变量变化
```

其中 i<4 是循环条件，这个循环的循环体只有两条语句，其中 i=i+1 是循环变量变化语句。但是一般 while 循环体可以包含很多语句。

while 循环的规则是循环条件成立时，就一直执行循环体，如果条件不成立就结束循环，也称退出循环。循环退出后就执行与 while 并列的下一条语句。

其中条件是一个逻辑表达式，它的值为真或假，语句可以是一个单一的语句，也可以是一个复合语句。该循环的执行规则是先判断条件是否成立，之后才决定是否执行循环语句，如果条件不成立则结束循环，如果条件成立则再次执行循环语句，只要条件成立则一直执行循环语句。如果 while 循环的条件一开始就不成立，那么 while 循环不执行。

例 1-6-1　有限次数的循环。

程序如下：

```
n=0
while n<3:
    print(n)
    n=n+1
print("Last", n)
```

该循环执行 3 次，每次执行后 n 的值加 1，执行过程是：

第一步：n = 0，输出 0，之后 n 变为 1；

第二步：n = 1，n < 3 成立，输出 1，之后 n 变为 2；

第三步：n = 2，n < 3 成立，输出 2，之后 n 变为 3；

第四步：n = 3，n < 3 不成立，结束循环，执行 print("Last", n)语句输出 Last 3。

例 1-6-2　死循环。

如果循环条件一直为真，永远不会变为假，则该循环会循环无限次，出现死循环。程序如果出现死循环，计算机将永远执行循环语句，别的语句将得不到执行，程序得不到正常结束，这是应用中要避免的。

while 循环一定要在循环体中自己控制循环变量的变化，不然可能出现死循环，例如：

```
i=0
while i<4:
    print(i)
```

这个循环中 i 永远为 0，不变化，i < 4 永成立，不停打印出 0，成为永远不停止的死循环。

例 1-6-3　计算 s = 1 + 2 + 3 + … + n 的和，其中 n 由键盘输入。

观察计算式中的变化可以看到值从 1 变到 n，这是一个循环过程，先设计变量 s 为 0，再设计一个循环变量 m，它循环 n 次，每次把 m 的值加 1，并累计到变量 s 中去，就可以计算出结果，程序如下：

```
n=input()
n=int(n)
```

```
s=0
m=1
while m<=n:
    s=s+m
    m=m+1
print(s)
```

例 1-6-4 输入 5 个同学的成绩，计算平均成绩。

设计一个 5 次的循环，每次输入一个同学的成绩 m，把成绩累计在一个总成绩变量 s 中，最后计算平均成绩并输出，程序如下：

```
s=0
i=0
while i<5:
    m=input("第" + str(i) + "个成绩: ")
    m=float(m)
    s=s+m
    i=i+1
print("平均成绩:", s/5)
```

例 1-6-5 输入一个正整数，按相反的数字顺序输出另一个数，例如输入 3221，输出 6123。

设输入的正整数为 n，把它除 10 后的余数就是个位数，输出此数，之后 n 缩小为原来的 1/10，即 n=n//10；再把缩小后的数除 10，得的余数为十位数 …… 如此下去，直到 n 的值变为 0 为止，程序如下：

```
n=input("n=")
n=int(n)
s=""
while n!=0:
    m=n%10
    s=s+str(m)
    n=n//10
print(s)
```

1.6.2 循环的退出

在循环语句执行完毕后循环就结束了，但是有很多情况循环还没有正常结束就需要退出，例如在素数的判断中，用循环的方法来寻找该数的因数，只要找到该数的一个除 1 和自身外的因数就可以判定这个数不是素数，之后就没有必要再寻找别的因数了，需要退出循环。本小节的教学目标就是学习循环退出的使用。

1. 正常退出

循环执行完毕后，循环结束或者退出。例如：

```
i=0
while i<4:
    print(i)
    i=i+1
print("last: ", i)

0
1
2
3
last: 4
```

执行 4 次后退出，注意退出后 i=4 不是 i=3。

2. break 中途退出

一些情况下要循环中途退出，可以采用 break 语句，例如：

```
i=0
while i<4:
    print(i)
    if i%2==1:
        break
    i=i+1
print("last: ", i)

0
1
last: 1
```

当执行到 i=1 时就用 break 语句退出，退出时下面的 i=i+1 语句不再执行，退出后 i=1。

例 1-6-6 输入一个正整数，判断它是否为一个素数(质数)。

根据数学知识，一个数 n 是素数，是指这个数仅可以被 1 和它自己整除，即它没有界于 2～(n-1)的因数。程序如下：

```
n=input("n=")
n=int(n)
m=2
while m<n:
    if n%m==0:
        break
    m=m+1
if m==n:
```

```
        print(n, " is a prime")
    else:
        print(n, " is not a prime")
```

例 1-6-7　输入两个正整数，找出它们的最小公倍数。

设输入的两个数是 a 与 b，最小公倍数一定比两个数中最大的一个要大，一定不超过 a 与 b 的积，比较直接的方法是用一个循环变量从最大的一个数开始不断加大这个变量，直到 a 与 b 都能同时除尽这个数为止，这个数就是它们的最小公倍数。程序如下：

```
a=input("a=")
b=input("b=")
a=int(a)
b=int(b)
if a>b:
    c=a
else:
    c=b
m=a*b
while c<=m:
    if c%a==0 and c%b==0:
        break
    c=c+1
print(c)
```

例 1-6-8　输入两个正整数，找出它们的最大公约数。

设输入的两个数是 a 与 b，最大公约数一定比两个数中最小的一个要小，最小为 1，因此我们先找 a、b 中最小的值，从它开始一直向下找，找到一个同时是 a、b 的约数，这个数就是它们的最大公约数，程序如下：

```
a=input("a=")
b=input("b=")
a=int(a)
b=int(b)
if a>b:
    c=b
else:
    c=a
while c>=1:
    if a%c==0 and b%c==0:
        break
    c=c-1
print(c)
```

任务 1.7 for 循环

前面我们学习了 while 循环的使用方法，除此之外还有一种 for 循环语句，for 在有些场合使用会更加简单。本节的教学目标就是 for 循环的使用，并比较 for 与 while 的差异。

1.7.1 for 循环语句

for 循环是根据 range 产生的序列来进行的，分为下面几种情况。

1. 有 start、end、step

语法如下：

```
for 循环变量 in range(start, stop, step):
    body
```

循环体 boty 的语句向右边缩进，不写 start 时 start = 0，不写 step 时 step = 1。

(1) 如果 step > 0，那么变量会从 start 开始增加，沿正方向变化，一直等于或者超过 stop 后循环停止。如果一开始就 start>=stop 则已经到停止条件，循环一次也不执行。

(2) 如果 step < 0，那么变量会从 start 开始减少，沿负方向变化，一直沿负方向变化到等于或者超过 stop 后循环停止。如果一开始就 start<=stop 则已经到停止条件，循环一次也不执行。

2. 只有 stop 值

语法如下：

```
for 循环变量 in range(stop):
    body
```

循环变量的值从 0 开始，按 step=1 的步长增加，一直逼近 stop，但不等于 stop，直到 stop 的前一个值，就是 stop−1。例如：

```
for i in range(4):
    print(i)
```

执行结果如下：

```
0
1
2
3
```

注意：i 不会到达 4。

3. 只有 start、stop 值

语法如下：

```
for 循环变量 in range(start, stop):
    body
```

(1) 如果 stop<start 则不执行。例如：

```
for i in range(5, 3):
    print(i)
```

不执行，因为 i=5 已经在正方向超过 3。

(2) 如果 stop>=start，循环变量的值从 start 开始，按 step=1 的步长增加，一直逼近 stop，但不等于 stop，只到 stop 的前一个值，就是 stop−1。例如：

```
for i in range(2, 5):
    print(i)
```

执行结果如下：

```
2
3
4
```

注意：i 不会到达 5。

1.7.2   for 循环的退出

1. 正常退出

循环执行完毕后，即循环变量等于或者超过 stop 后，循环结束或者退出。例如：

```
for i in range(4):
    print(i)
print("last: ", i)
```

```
0
1
2
3
last: 3
```

执行 4 次后退出，注意退出后 i=3 不是 i=4。

2. break 中途退出

一些情况下，要循环中途退出，可以采用 break 语句，例如：

```
for i in range(4):
    print(i)
    if i%2==1:
        break
print("last: ", i)
```

```
0
1
last: 1
```

当执行到 i=1 时就用 break 退出，退出后 i=1。

例 1-7-1 计算 s = a + aa + aaa + ⋯ + aa⋯a 的和，其中 a 为[1, 9]内的一个整数，最后一项有 n 个 a，a 与 n 由键盘输入。

设计一个项目变量 m，开始 m = 0，之后 m=10*m+a 就是 a，再次 m=10*m+a 就是 aa，如此就可以产生每个项目，累加到 s 中就可以了。程序如下：

```
# 输入 a
a=0
while a<=0 or a>=10:
    a=input("Enter a[1, 9]:")
    a=int(a)
# 输入 a
n=0
while n<=0:
    n=input("Enter n:")
    n=int(n)
m=0
s=0
for i in range(n):
    m=10*m+a
    s=s+m
    if i<n-1:
        print(m, end="+")
    else:
        print(m, end="=")
print(s)
```

执行结果如下：

```
Enter a[1, 9]:5
Enter n:8
5+55+555+5555+55555+555555+5555555+55555555=61728390
```

1.7.3 for 循环注意事项

(1) 循环变量是控制循环次数的变量，它是自动变化的，不要在循环中人为地改变它，不然会出现逻辑上的混乱，甚至出现意想不到的结果，例如下面的程序：

```
for i in range(5):
    print(i)
    i=i+1
```

执行结果如下：

```
0
1
2
```

  3

  4

  (2) 应该避免 step=0 的情况出现，如果 step=0 那么变量不变化，一直原地踏步，循环是没有办法进行的。例如下面程序：

```
for i in range(1, 5, 0):
    print(i)
```

  (3) for 循环在正常退出时循环变量的值不会等于 stop 值，例如下面判断 n 是否为素数的程序：

```
n=input("Enter: ")
n=int(n)
for d in range(2, n):
    if n%d==0:
        break
    if d==n:
        print(n, "is a prime")
    else:
        print(n, "is not a prime")
```

执行结果如下：

```
Enter: 7
7 is not a prime
```

  这个程序显然是错误的，程序原本以为 break 退出时会有 d<n，正常退出时必定 d=n，由此判断 n 是否为素数，但是程序正常退出时 d=n−1，仍然 d<n。

  但是用 while 循环是正确的，程序如下：

```
n=input("Enter: ")
n=int(n)
d=2
while d<n:
    if n%d==0:
        break
    d=d+1
if d==n:
    print(n, "is a prime")
else:
    print(n, "is not a prime")
```

1.7.4　嵌套结构

  在一个复杂的程序中一个循环往往还包含另外一个循环，形成循环嵌套。即一个外层的循环套一个内层的循环，例如下面的 i 循环与 j 循环的关系：

```
for i in range(3):
    ...
    for j in range(4):
        ...
```

这个结构就是两重循环的嵌套，i 是外部循环，j 是内部循环，对于每个 i 都会执行一次 for j in range(4)的 j 内部循环，因此两个循环执行 12 次。

例 1-7-2 打印九九乘法表。

九九乘法表是两个数的乘积表，一个数是 i，它从 1 变化到 9，另一个数是 j，它也从 1 变化到 9，这样输出 i*j 的值即为九九乘法表的值，因此程序结构应该是两个循环，在一个确定的 i 循环下，进行 j 循环，但为了不出现重复的 i*j 的值，可以设计 j 的值只从 1 变化到 i，程序如下：

```
for i in range(1, 10):
    for j in range(1, i+1):
        print("%d*%d=%2d" % (i, j, i * j), end=" ")
    print()
```

执行结果如下：

```
1*1=1
2*1=2   2*2=4
3*1=3   3*2=6   3*3=9
4*1=4   4*2=8   4*3=12  4*4=16
5*1=5   5*2=10  5*3=15  5*4=20  5*5=25
6*1=6   6*2=12  6*3=18  6*4=24  6*5=30  6*6=36
7*1=7   7*2=14  7*3=21  7*4=28  7*5=35  7*6=42  7*7=49
8*1=8   8*2=16  8*3=24  8*4=32  8*5=40  8*6=48  8*7=56  8*8=64
9*1=9   9*2=18  9*3=27  9*4=36  9*5=45  9*6=54  9*7=63  9*8=72  9*9=81
```

程序中为了输出美观，可以设计 print 语句的输出格式为：

```
print("%d*%d=%2d" %(i, j, i*j), end=" ")
```

其中"%d*%d=%2d"是输出格式，%d 是一个整数，%2d 是正数，只不过宽度为 2，这个格式对应(i, j, i*j)，因此 i*j 输出值占 2 位的宽度，end=" " 表示输出后不换行，只是输出一个空格。

如果有两个循环嵌套，那么内部循环执行 break 时仅仅是退出内部循环，不是退出外部循环，外部循环执行 break 时退出外部循环。即 break 只退出它所在的那层循环，不会因为内部循环的一个 break 而使得整个循环都退出。例如下面程序：

```
i=1
while i<=3:
    j=1
    print("enter inner loop")
    while j<=3:
```

```
        print(i, j)
        if j%2==0:
            break
        j=j+1
    print("exit inner loop")
    i=i+1
```

或者：

```
for i in range(1, 4):
    print("enter inner loop")
    for j in range(1, 4):
        print(i, j)
        if j%2==0:
            break
    print("exit inner loop")
```

执行结果如下：

```
enter inner loop
1 1
1 2
exit inner loop
enter inner loop
2 1
2 2
exit inner loop
enter inner loop
3 1
3 2
exit inner loop
```

由此可见 break 是退出内部的 j 循环，不是退出外部的 i 循环。

例 1-7-3　找出 2～100 之间的所有素数。

要找 2～100 之间的所有素数，只要把 n 作为一个循环变量，从 2 循环到 100。对于每个 n，再构造一个内部循环 m 从 2 到 n-1，只要 m 能除尽 n，那么 n 就不是素数，退出 m循环，再测试下一个 n；如果所有的 m 都除不尽 n，那么 n 是素数。程序如下：

```
count=0
for n in range(2, 101):
    # flag 标志素数
    flag=1
    for m in range(2, n):
        if n%m==0:
```

```
                     # 如果能除尽，那么 n 不是素数，flag=0，退出 m 的内循环
                     flag=0
                     break
            if flag==1:
                print("%5d" % n, end="")
                count+=1
                if count%5==0:
                    print()
```

执行结果如下：

```
 2   3   5   7  11
13  17  19  23  29
31  37  41  43  47
53  59  61  67  71
73  79  83  89  97
```

任务 1.8 异 常 处 理

在程序设计中我们应考虑到方方面面的问题，避免出现错误，例如在求一个数的平方根时程序要判断这个数是否为负数，是负数就不能开平方，不然就会错误。但是有些情况是程序没办法预计到的，例如用户输入一个非法的数值，它根本就不能转为一个正常的数值，更谈不上开平方，程序应该能处理这样的异常情况。

1.8.1 异常情况

例 1-8-1 输入一个数，计算它的平方根，演示异常。
程序如下：

```
import math
n=input("Enter:")
n=float(n)
print(math.sqrt(n))
print("done")
```

执行程序，如果输入的数不是一个有效的整数，例如输入 12a，就出现如下错误：

Enter:12a

Traceback (most recent call last):

    File "C:/untitled/mmm.py", line 3, in <module>

      n=float(n)

    ValueError: could not convert string to float: '12a'

在 Python 中，程序运行时出现错误后程序会终止，这种错误不是程序设计的错误，它

是在程序运行时因数据输入不正确而导致的运行错误,称为运行时错误(Runtime Error),处理这种错误要用到 try/except 异常处理语句。

我们把程序代码修改为如下形式:

```
import math
n=input("Enter:")
try:
    n=float(n)
    print(math.sqrt(n))
    print("done")
except Exception as err:
    print(err)
print("End")
```

重新执行该程序,输入 12a,则看到如下的结果:

```
Enter:12a
could not convert string to float: '12a'
End
```

输入的数据在执行时无效,执行语句出现异常,这个异常被 except 捕获,转去执行 print(err),程序没有被终止,继续执行到最后语句 print("End")。

实际上 Python 中有很多异常类,对于不同的异常情况有不同的异常类对象,设计不同的异常类对象处理不同的异常是为了在异常类中更好地反映异常的信息。Exception 异常类是使用最多的一个,因此我们务必掌握它的使用,了解其他的异常类,用户可以查看相关资料。

1.8.2 异常语句

Python 的 try 语句是异常处理语句,try 语句格式如下:

```
try:
    语句块 1
except Exception as err:
    语句块 2
后续语句
```

它的执行规则是先执行语句块 1,如语句块 1 的各条语句都能正确执行,不出现任何运行错误,则在执行完语句块 1 的最后一条语句后,try 语句执行完毕,转程序后面的语句执行。如在执行语句块 1 的语句过程中出现运行错误,则就停止语句块 1 的执行,这个错误被系统捕捉到,而且错误的信息被转为 Exception 异常类对象,转去执行语句块 2,当语句块 2 执行完后,try 语句执行完毕,转程序后面的语句执行。其中语句块 1 是要尝试(try)执行的程序段,语句块 2 是在语句块 1 发生运行错误并且被捕捉(except)到后执行的程序段。

在 try 语句中,Exception 是 Python 的一个类,err 是捕捉到的错误对象,专门表示错误异常。Exception 是系统对象名称,我们不可以改变这个名称,而 err 是我们给出的变量名,我们可以改变这个名称。

值得注意的是，在语句块 1 中只要有一条语句出现异常，就转语句块 2，语句块 1 剩余的语句是不执行的。

例 1-8-2 异常语句的产生与捕捉。

程序如下：

```
print("start")
try:
        print("divided")
        n=1/0
        print("finish")
except Exception as err:
        print(err)
print("end")
```

执行结果如下：

```
start
divided
division by zero
end
```

程序执行到 n=1/0 时因为除数为 0 而出现异常，就转 print(err)打印出 division by zero，而剩余的语句 print("finish")是不执行的。

1.8.3 抛出异常

异常是程序运行时的一种错误，那么这个异常是如何抛出的呢？在 Python 中抛出异常的语句是 raise 语句，格式如下：

```
raise Exception(异常信息)
```

其中 raise 为抛出语句，Exception(异常信息)表示建立一个异常类 Exception 的对象，该对象用指定的字符串设置其 Message 属性。

例 1-8-3 用 raise 语句抛出异常。

程序如下：

```
print("start")
try:
        print("In try")
        raise Exception("My error")
        print("finish")
except Exception as err:
        print(err)
print("end")
```

执行结果如下：

> start
>
> In try
>
> My error
>
> end

由此可见，当执行到 raise Exception("My error")语句时就抛出一个异常，被 except 捕捉到，用 print(err)显示出错误信息。"My error" 就是我们抛出的异常信息。

例 1-8-4　应用异常处理，输入一个整数，计算它的平方根。

程序如下：

```python
import math
while True:
    try:
        n=input("Enter: ")
        n=int(n)
        if n<0:
            raise Exception("整数为负数")
        break
    except Exception as err:
        print("输入错误: ", err)
print(math.sqrt(n))
print("done")
```

执行结果如下：

> Enter: 12a
>
> 输入错误:　invalid literal for int() with base 10: '12a'
>
> Enter: -2
>
> 输入错误:　整数为负数
>
> Enter: 2
>
> 1.4142135623730951
>
> done

如果输入的字符串不是一个整数，就由 n=int(n)抛出异常，如果是整数，n=int(n)正常执行。但是如果是负整数就自己抛出异常，最后都被 except 捕获执行 print(err)，我们用 while 循环控制输入，一直输入到正整数时才执行 print(math.sqrt(n))语句。

1.8.4　简单异常语句

有时候我们并不关心异常的信息，只要捕获到异常就可以了，这时在 except 中不用写 Exception 部分，try 语句简化如下：

```
try:
    语句块 1
```

```
except:
    语句块 2
后续语句
```

执行规则完全一样，只是在异常处理中不知道是什么异常信息而已。

例 1-8-5 应用异常处理，输入一个整数，计算它的平方根。

程序如下：

```
import math
while True:
    try:
        n=input("Enter: ")
        n=int(n)
        if n<0:
            raise Exception()
        break
    except:
        print("请输入正整数")
print(math.sqrt(n))
print("done")
```

执行结果如下：

```
Enter: 12a
请输入正整数
Enter: -2
请输入正整数
Enter: 2
1.4142135623730951
done
```

程序中我们并不关心是由于输入非整数还是输入负整数抛出的异常，反正都不正确，我们只要求输入正整数，因此异常中只使用 except 语句。

综合任务　打印万年日历

一、项目背景

日历程序可以打印出任何一年的日历，程序运行后输入一个年份，例如 2019 年，打印出全年的日历。

二、项目设计

1. 闰年的判断

判断一年 y(年份，如 1998、2020 等)是否是闰年，只要满足下面的两个条件之一即可：
(1) y 可以被 4 整除，同时不能被 100 整除；
(2) y 可以被 400 整除。

2. 某月最大天数

不同的月份最大天数不同，1、3、5、7、8、10、12 月为 31 天，2 月要么是 28 天(平年)要么是 29 天(闰年)，设计 maxDays 函数返回 y 年 m 月最大天数，如下所示：

```
max=30
if m==1 or m==3 or m==5 or m==7 or m==8 or m==10 or m==12:
    max=31
elif m==2:
    if(y % 400 == 0 or y % 4 == 0 and y % 100 != 0):
        max=29
    else:
        max=28
```

3. 1 月 1 日是星期几

要打印 y 年 m 月的日历，必须知道 y 年 1 月 1 日是星期几，根据下面的历法公式计算这一天是星期几：

```
((y-1)+ (y-1)//400+(y-1)//4-(y-1)//100+1)%7
```

该计算值为 0、1、2、3、4、5、6，分别对应星期日、一、二、三、四、五、六。

4. 打印一个月的日历

设每个日期输出宽度占 6 个字符，一个单元 6 个位置，则 7 个日期占 42 个字符的宽度，计算 y 年 m 月 1 日是星期 w，然后通过下列语句：

```
for i in range(w):
    print("%-6s" % " ", end="")
```

显示 w 个空单元，接着使用下列语句：

```
for d in range(1, max+1):
    print("%-6d" % d, end="")
    w=(w+1)%7
    if w==0:
        print()
```

打印这个月的日历，当 w 是 7 的倍数时就换行，打印下一个星期。

三、程序代码

打印日历的程序如下：

```python
# 打印日历
y=input("输入年份:")
y=int(y)
w=(y-1)+(y-1)//400+(y-1)//4-(y-1)//100+1
w=w%7
for m in range(1, 13):
    print()
    print("-------------", y, "年", m, "月  -------------")
    max=30
    if m==1 or m==3 or m==5 or m==7 or m==8 or m==10 or m==12:
        max=31
    elif m==2:
        if(y % 400 == 0 or y % 4 == 0 and y % 100 != 0):
            max=29
        else:
            max=28
print("%-6s%-6s%-6s%-6s%-6s%-6s%-6s" %("Sun", "Mon", "Tue", "Wed", "Thu", "Fri", "Sat"))
    for i in range(w):
        print("%-6s" % " ", end="")
    for d in range(1, max+1):
        print("%-6d" % d, end="")
        w=(w+1)%7
        if w==0:
            print()
    if w!=0:
        print()
```

例如 2019 年的日历(前 2 个月)如下：

```
------------ 2019 年 1 月 ------------            ------------ 2019 年 2 月 ------------
Sun   Mon   Tue   Wed   Thu   Fri   Sat          Sun   Mon   Tue   Wed   Thu   Fri   Sat
                  1     2     3     4     5                                          1     2
6     7     8     9     10    11    12            3     4     5     6     7     8     9
13    14    15    16    17    18    19            10    11    12    13    14    15    16
20    21    22    23    24    25    26            17    18    19    20    21    22    23
27    28    29    30    31                        24    25    26    27    28
```

练　习

1. 输入 a、b 两个数，输出最大的一个数。

2. 输入 a、b、c 三个参数，以它们作为三角形的三边，判断是否可以构成一个三角形，如能则进一步计算其面积。三角形的面积 s 可以用如下公式计算：

$$s=sqrt(p*(p-a)*(p-b)*(p-c))$$

其中 p=(a+b+c)/2。

3. 输入一个字母，判断它是否为小写英文字母。

4. 从键盘输入 5 个字符，统计 "0" 字符出现的次数。

5. 输入一个月份 m，要求 m 在 1～12 之间，输出对应的中文显示，例如 m=1 输出 "一月"。

6. 输入一个字母，如它是一个小写英文字母，则把它变为对应大写字母并输出。

7. 输入一个年份，判断它是否为闰年。

8. 从键盘输入 a、b 两个数，按大小顺序输出它们。

9. 输入 a、b、c 三个整数，找出最小的数。

10. 某企业发放的奖金根据利润提成。利润低于或等于 10 万元时，奖金可提 12%；利润高于 10 万元、低于 20 万元时，高于 10 万元的部分可提成 8.5%；在 20 万元到 40 万元之间时，高于 20 万元的部分可提成 6%；在 40 万到 60 万之间时，高于 40 万元的部分可提成 4%；在 60 万到 100 万之间时，高于 60 万元的部分可提成 2.5%；高于 100 万元时，超过 100 万元的部分按 1% 提成，从键盘输入当月利润，求应发放奖金的总数。

11. 平面上有四个圆，圆心分别为(2，2)、(-2，2)、(-2，-2)、(2，-2)，圆半径为 1。现输入任一点的坐标，判断该点是否在这四个圆中，如在则给出是在哪一个圆中。

项目 2 Python 程序设计进阶

程序设计中一般需要划分不同功能函数模块，不同的函数模块各完成一定的功能，众多的函数模块完成程序的功能，这就是 Python 的函数与模块。同时程序中还涉及大量不同结构的数据，因此有"程序=代码+数据"的经典说法。Python 是一个数据类型十分丰富的程序语言，常用的有字符串、列表、字典、集合等数据类型，这些数据类型极大地简化了程序。数据一般使用文件存储。

本项目的主要学习目标如下：

(1) 掌握函数与模块的应用；

(2) 掌握局部变量与全局变量的应用；

(3) 掌握字符串与其常用函数的使用；

(4) 掌握列表与元祖类型数据的应用；

(5) 掌握字典类型数据的应用；

(6) 掌握集合类型数据的应用；

(7) 掌握文件的基本应用。

任务 2.1 Python 函数

2.1.1 函数定义

函数是程序中一个重要的部分，在系统中已经定义了一些函数。实际上读者对函数并不陌生，Python 语言中有大量的内部函数，主程序就是一个函数，除此之外在程序中还可以定义自己的函数。定义函数的语法如下：

```
def 函数名称( 参数 1, 参数 2, ……):
    函数体
```

函数名称是用户自己定义的，与变量的命名规则一样。用字母开始，后面跟若干个字母、数字等。

函数可以有很多参数，每一个参数都有一个名称，它们是函数的变量，不同的变量对应的函数值往往不同，这是函数的本质所在，这些参数称为函数的形式参数。函数体是函数的程序代码，它们保持缩进。

函数被设计成完成某一个功能的一段程序代码或模块，Python 语言把一个问题划分成多个模块，分别对应每个的函数，一个 Python 语言程序往往由多个函数组成。

1. 函数参数

在调用函数时，形式参数规定了函数需要的数据个数，实际参数必须在数目上与形式参数一样。函数参数的一般规则如下：

(1) 形式参数是函数的内部变量，有名称。形式参数出现在函数定义中，在整个函数体内都可以使用，离开该函数则不能使用。

(2) 实际参数的个数必须与形式参数一致，实际参数可以是变量、常数、表达式，甚至是一个函数。

(3) 当实际参数是变量时，不一定要与形式参数同名称。实际参数变量与形式参数变量是不同的内存变量，它们其中一个值的变化不会影响到另外一个变量。

(4) 函数可以没有参数，但此时圆括号不可缺少。

2. 函数返回值

函数的值是指函数被调用之后，执行函数体中的程序段所取得的并返回给主调函数的值。一般函数计算后总有一个返回值，通过函数内部的 return 语句来实现这个返回值，格式如下：

```
return  表达式；
```

return 返回一个数据类型与函数返回类型一致的表达式，该表达式的值就是函数的返回值。

return 语句执行后函数就结束了，即便下面还有别的语句也不再执行，例如：

```
def fun(x):
    print(x)
    if x<0:
        return
    print(x*x)
x=-2
fun()
```

结果如下：

```
-2
```

因为 x<0 成立后执行了 return 语句，函数返回并结束，后面的 print(x*x)不再执行，如果如下情况：

```
x=2
fun()
```

结果如下：

```
2
4
```

函数一直执行到最后一条语句后结束。

注意：return 语句只要一执行函数就结束并且返回，无论 return 处于什么位置，哪怕是在一个循环中。

例 2-1-1 函数 IsPrime 测试整数 m 是否是素数。

程序如下：

```
def IsPrime(m):
    print("start")
    for i in range(2, m):
        print(i)
        if m%i==0:
            return 0
    print("OK")
    return 1
print("Return: ", IsPrime(9))
```

在 9 传入 m 后，当 i=3 时满足条件，执行 return，那么函数返回 0 就结束了，剩余的循环也不再执行，剩余的语句也不再执行。

3. 没有返回值的函数

函数也可以没有返回值，这时 Python 默认值是 None。例如下面函数：

```
def SayHello()
    print("Hello, everyone!");
```

没有返回类型的函数中也可以有 return 语句，但 return 后面不可以有任何表达式，例如下面函数：

```
def fun(x):
    if(x<0) return;              #在 x<0 时结束函数并返回
    printf(x)
```

例 2-1-2 最大公约数与最小公倍数。

输入两个正整数，求出它们的最大公约数与最小公倍数。求最大公约数与最小公倍数的方法很多，一个比较直观的方法是采用逐个尝试法。

求 a、b 的最大公约数 d，设置 m=min(a, b)，d<=m，即 d 比 a、b 中最小的一个还小，于是可以从序列 m, m−1, m−2, …, 2, 1 中寻找能被 a、b 除尽的数 d，找到的第一个 d 就是 a 与 b 的最大公约数，最坏的情况是 d=1。

求 a、b 的最小公倍数 c，设置 m=max(a, b)，c>=m，即 c 比 a、b 中最大的一个还大，于是可以从序列 m, m+1, m+2, …, a*b 中寻找能被 a、b 除尽的数 c，找到的第一个 c 就是 a 与 b 的最小公倍数，最坏的情况是 c=a*b。

最大公约数与最小公倍数程序如下：

```
# 最大公约数函数
#d 最小为 1，必定会返回
def maxDivider(a, b):
    c=a
```

```
        if b<a:
            c=b
        for d in range(c, 0, -1):
            if a%d==0 and b%d==0:
                return d


# 最小公倍数函数
#d 最多为 a*b，必定返回
def minMultiplier(a, b):
    c=a
    if b>a:
        c=b
    m=a*b
    for d in range(c, m+1, 1):
        if d%a==0 and d%b==0:
            return d


# 主程序
a=input("a=")
b=input("b=")
a=int(a)
b=int(b)
print("最大公约数", maxDivider(a, b))
print("最小公倍数", minMultiplier(a, b))
```

2.1.2　变量范围

1. 局部变量

局部变量也称为内部变量。局部变量是在函数内作定义说明的，其作用域仅限于函数内，离开该函数后再使用这种变量是非法的。

例 2-1-3　局部变量。

程序如下：

```
def fun(x, y) :
    print("In fun:", x, y)
x=1
y=2


x=100
```

```
y=200
fun(x, y)
printf(x, y)
```

执行结果如下：

```
In fun    100 200
100 200
```

主程序中的 x、y 变量是主程序的局部变量，fun 中的 x、y 变量是 fun 的局部变量，主程序中的 x 与 fun 中的 x 不同，主程序中的 y 与 fun 中的 y 不同，所以在调用 fun 后主程序 x、y 的值不变。

2. 全局变量

如果一个函数内部要用到主程序的变量，那么可以在这个函数内部声明这个变量为 global 变量，这样函数内部用的就是主程序的变量了。当在函数中改变了全局变量的值时，会直接影响到主程序这个变量的值。

例 2-1-4　全局变量。

程序如下：

```
def fun(x):
    global y
    y=0
    x=0

x=1
y=2
fun(x)
print(x, y)
```

执行结果如下：

```
1 0
```

在 fun 函数中我们使用了 global y 声明，fun 中使用的 y 不是 fun 本地的 y 变量，而是主程序的 y 变量。

例 2-1-5　全局变量。

程序如下：

```
def A(x):
    global y
    y=0
    x=0

def B(x):
    global y
    y=10
    x=0
```

```
x=1
y=2
A(x)
B(x)
print(x, y)
```

执行结果如下：

    1 10

在 A, B 函数中我们使用了 global y 声明，A, B 中使用的 y 不是本地的 y 变量，而是主程序的 y 变量。

局部变量具有局部性，这使得函数有对立性，函数与外界的接口只有函数参数与它的返回值，使程序的模块化更突出，这样有利于大型程序的开发。

全局变量具有全局性，是实现函数之间数据交换的公共途径，但大量地使用全局变量会破坏函数的独立性，导致程序的模块化程度下降，因此要尽量减少使用全局变量，多使用局部变量，函数之间应尽量保持其独立性，函数之间最好只通过接口参数来传递数据。

2.1.3　函数默认参数

在 Python 语言中定义函数时可以预先为部分参数设置默认值，这样的好处是实际调用时可以不提供该参数的实际值，该参数使用默认值。

例 2-1-6　默认参数的函数。

程序如下：

```
def fun(a, b=1, c=2):
    print(a, b, c)


fun(0)
fun(1, 2)
fun(1, 2, 3)
```

执行结果如下：

    0 1 2

    1 2 2

    1 2 3

在 fun(0)调用中 a=0，而没有为 b, c 提供参数值，使用默认的 b=1, c=2 的值；在 fun(1, 2)调用中 a=1, b=2，而没有为 c 提供参数值，使用默认的 c=2 的值；在 fun(1, 2, 3)调用中 a=1, b=2, c=3。

函数调用时实际参数值是按顺序给函数参数的，也可以指定参数名称而不按顺序进行调用。

在 fun(a, b=1, c=2)中我们把 a 称为位置参数(positional argument)，b 和 c 称为键值参数(keyword argument)。

例 2-1-7 参数按名称指定。

程序如下：

```
def fun(a, b=1, c=2):
    print(a, b, c)


fun(0, c=4, b=2)
fun(0, c=4)
fun(b=2, a=1, c=4)
fun(a=0, c=4, b=2)
fun(c=1, b=3, a=2)
```

执行结果如下：

```
0 2 4
0 1 4
1 2 4
0 2 4
2 3 1
```

例如 fun(0, c=4, b=2)中 a=0, b=2, c=4。

Python 规定默认的键值参数必须出现在函数中没有默认值的位置参数的后面，例如下面函数是正确的：

```
def fun(a, b=1, c=2):
    print(a, b, c)
```

键值参数不能出现在位置参数的前面，例如下面函数是错误的：

```
def fun(a=0, b, c=2):
    print(a, b, c)
```

不但在定义函数时要求键值参数出现在位置参数的后面，而且在调用时也要求键值参数在位置参数的后面，例如下面函数：

```
def fun(a, b=1, c=2):
    print(a, b, c)
```

那么调用：

```
fun(a=0, 1, c=2)
```

是错误的，因为"a=0"是键值参数，它出现在位置参数"1"的前面。但是如下调用是正确的：

```
fun(0)
fun(0, 1)
fun(0, c=3)
fun(a=0)
```

一般来说实际的位置参数值可以赋值给函数的位置参数和键值参数，例如：

```
fun(0, 1)
```

实际的键值参数也可以赋值给函数的位置参数与键值参数，例如：

```
fun(a=0, c=3)
```

2.1.4 匿名函数

在 Python 中有一些函数比较简单，可以使用 lambda 代替 def 进行定义，例如前面定义的 max(a, b)函数，使用 lamada 可以简单定义成如下内容：

```
max= lambda a, b: a if a>b else b
```

其中 lambda 与 ":" 之间的部分 "a, b" 是函数参数，":" 后面的函数语句 a if a>b else b 是 if 语句的简化形式，含义是如果 a<b，值为 a，否则为 b。这种函数规定函数语句必须是一条简单的语句，语句的值就是返回值，不使用 return 语句返回。这种函数简单，可以随时随地定义与使用，如果不是重复使用的话甚至不必取名字，因此称为匿名函数。

例 2-1-8 最大值与最小值匿名函数。

程序如下：

```
x=1; y=2
max=lambda a, b:a if a>b else b
print(max(x, y))
print((lambda a, b:a if a<b else b)(x, y))
```

执行结果如下：

```
2
1
```

这个程序定义了 max 的 lambda 函数，调用 max(x, y)求 x 与 y 最大值，而最小值直接使用(lambda a, b:a if a<b else b)(x, y)获取，都没有为这个函数定义一个名字。

任务 2.2 Python 模块

2.2.1 Python 模块

在计算一个数的平方根时我们使用了如下语句：

```
import math
```

此语句的目的是引入 math 模块。模块就是一个保存了 Python 代码的文件，模块能定义函数、类和变量。

例 2-2-1 设计模块并引用它。

第一步，设计一个程序 myModule.py，它包含两个函数 myMin, myMax，程序如下：

```
def myMin(a, b):
```

```
        c=a
        if a>b:
            c=b
        return c


def myMax(a, b):
    c=a
    if a<b:
        c=b
    return c
```

把这个程序保存到 d:\temp 目录。

第二步，设计另外一个程序 abc.py，保存到相同的目录 d:\temp，在 abc.py 中引用 myModule.py：

```
import myModule
print(myModule.myMin(1, 2), myModule.myMax(1, 2))
```

或者：

```
from myModule import myMin, myMax
print(myMin(1, 2), myMax(1, 2))
```

执行 abc.py 结果如下：

```
1 2
```

由此可见我们在 abc.py 中通过 import myModule 语句引入了 myModule 模块，因此在 abc.py 程序中可以使用 myModule.py 中定义的 myMin、myMax 函数。

注意：

(1) 被引用的模块要放在与引用程序相同的目录下，或者放在 Python 能找到的目录下；

(2) 在引用时不要加 .py，不能写成 import myModule.py；

(3) 引用模块的函数时要写模块名称与函数名称，用 "." 连接，例如 myModule.myMin；

(4) 通过模块我们可以把已经编写好的程序组织在一个个模块中，下次直接引用就可以了，而不用再在本程序中重新编写函数。

2.2.2 math 模块

Python 中的 math 模块是数学功能模块，其中定义了很多数学计算函数，例如平方根函数 sqrt、三角函数等，要使用它必须先用 "import math" 语句引入，例如：

```
import math
print(math.sqrt(2))
```

这样程序就可以使用 math 模块的 sqrt 函数计算数 2 的平方根。表 2-1 是常用的 math 模块的函数。

表 2-1　常用的 math 模块的函数

函数名称	功　能	示　例
ceil(x)	取大于等于 x 的最小的整数值, 如果 x 是一个整数, 则返回 x	math.ceil(4.12) 结果: 5
cos(x)	求 x 的余弦, x 必须是弧度	math.cos(math.pi/4) 结果: 0.7071067811865476
degrees(x)	把 x 从弧度转换成角度	math.degrees(math.pi/4) 结果: 45.0
e	e 表示一个常量	math.e 结果: 2.718281828459045
exp(x)	e 为底的指数函数	math.exp(2) 结果: 7.38905609893065
floor(x)	floor()取小于等于 x 的最大的整数值, 如果 x 是一个整数, 则返回自身	math.floor(4.999) 结果: 4
gcd(x, y)	返回 x 和 y 的最大公约数	math.gcd(8, 6) 结果: 2
log(a, x)	log(x, a) 如果不指定 a, 则默认以 e 为基数, a 参数给定时, 将 x 以 a 为底的对数返回	math.log(math.e) 结果: 1.0 math.log(32, 2) 结果: 5.0
pi	圆周率	math.pi 结果: 3.1415926
pow(x, y)	pow()返回 x 的 y 次方, 即 x**y	math.pow(3, 4) 结果: 81.0
sin(x)	sin(x)求 x(x 为弧度)的正弦值	math.sin(math.pi/4) 结果: 0.7071067811865476
sqrt(x)	sqrt()求 x 的平方根	math.sqrt(100) 结果: 10.0

2.2.3　时间和日期模块

1. 格式化日期时间

Python 的 time 模块是日期时间模块, 如果要显示日期时间, 一般采用 time.localtime()
获取当地的时间, 然后将格式设置成常用的时间格式。这个格式化函数就是 time.strftime
函数, 基本用法如下:

```
time.strftime("%Y-%m-%d %H:%M:%S", time.localtime())
```

其中 "%Y-%m-%d %H:%M:%S" 规定了年月日时分秒的输出格式，如下所示：

```
import time
print(time.strftime("%Y-%m-%d %H:%M:%S", time.localtime()))
```

执行结果如下：

```
2019-10-06 11:59:01
```

在很多情况下我们需要提取日期时间的各个部分，那么使用 tm_year、tm_mon、tm_mday 获取年月日，使用 tm_hour、tm_min、tm_sec 获取时分秒，例如我们可以自己控制日期时间的输出格式如下：

```
import time
t=time.localtime()
print(time.strftime("%Y-%m-%d %H:%M:%S", t))
print("%04d-%02d-%02d %02d:%02d:%02d" %
        (t.tm_year, t.tm_mon, t.tm_mday, t.tm_hour, t.tm_min, t.tm_sec))
```

执行结果如下：

```
2019-10-06 11:59:01
2019-10-06 11:59:01
```

2. 程序休眠

使用 time.sleep(seconds)让程序休眠指定的秒数，这个一般用在多线程、网络等程序中，一个程序接收另外一个程序的数据时要等待一段时间。

3. 程序执行时间

使用 time.time()获取从 1970 年 1 月 1 日午夜(历元)经过了多长时间，例如：

```
import time
print(time.time())
```

执行结果如下：

```
1570334169.6870072
```

这个秒值一般可以用来计算一段程序执行时间。

例 2-2-2 计算一段程序执行所要时间。

程序如下：

```
import time
a=time.time()
time.sleep(5)
b=time.time()
print(b-a)
```

执行结果如下：

```
5.000028610229492
```

这个程序先获取当前时间 a，然后 time.sleep(5)休眠 5 秒，再获取时间 b，最后计算 b−a

发现大约是 5 秒。

2.2.4 random 模块

random 是一个随机数模块，使用该模块可以产生各种各样的随机数，表 2-2 列出了常用的随机函数。

表 2-2　常用的随机函数

函　数	功　　能
random()	产生(0, 1)之间的一个随机浮点数
uniform(a, b)	生成一个指定范围(a, b)内的随机浮点数
randint(a, b)	生成一个指定范围[a, b)内的随机浮点数
choice(list)	从列表 list 中随机取一个元素
shuffle(list)	用于将一个列表 list 中的元素打乱(类似洗牌)

例 2-2-3　产生 1000 个(0, 1)的随机浮点数，计算平均值与方差。
程序如下：

```
import random
s=0
n=1000
for i in range(n):
    x=random.random()
    s=s+x
print("平均值:", s/n)
```

执行结果如下：

平均值: 0.49747194665614164

任务 2.3　字符串类型

2.3.1 字符串类型

字符串是程序中最常用的一种数据类型，字符串可以包含中文与英文等任何字符，在内存中用 Unicode 编码存储。字符数组可以用来存储字符串，字符串在内存中的存放形式也就是字符数组的形式，字符串可以看成是字符的数组。

1. 获取字符串长度函数 len

实际上字符串 s 的长度为 len(s)，例如：

```
len("abc")  # 3
```

```
len("我们 abc")   # 5
```

注意： 空字符串 s="" 是连续两个引号，中间没有任何字符，空字符串的长度为 0，len(s)=0，但是 s=" " 包含一个空格，s 不是空串，长度为 1。

2. 读出字符串各个字符

要得到第 i 个字符，可以像数组访问数组元素那样用 s[i]得到，其中 s[0]是第 1 个字符，s[1]是第 2 个字符，……, s[len(s)-1]是最后一个字符。例如：

```
s="a 我们"
n=len(s)
for i in range(n):
    print(s[i])
```

输出结果如下：

```
a
我
们
```

注意： 字符串中的字符是不可以改变的，因此不能对某个字符 s[i]赋值，例如 s[0]='h' 是错误的。

3. 字符在内存中的编码

计算机值认识二进制，字符在计算机中实际上是用二进制数存储的，这个编码称为 Unicde，每个英文字符用两个字节存储。用函数 ord(字符)可以知道某个字符的编码，例如：

```
s="Hi，你好"
n=len(s)
for i in range(n):
    print(s[i], ord(s[i]))
```

输出结果如下：

```
H 72
i 105
，  65292
你 20320
好 22909
```

可以看到"H"的 Unicode 码是 72，"你"的是 20320。我们可以用程序测试出 A～Z, a～z 的大小写字母的 Unicode 码，如下所示：

```
S="ABCDEFGHIJKLMNOPQRSTUVWXYZ"
s="abcdefghijklmnopqrstuvwxz"
n=len(s)
for i in range(n):
    print(s[i], "---", ord(s[i]), S[i], "---", ord(S[i]))
```

同样可以测试 0～9 的 Unicode 码，如下所示：

```
s="0123456789"
n=len(s)
for i in range(n):
    print(s[i], "---", ord(s[i]))
```

汉字的编码两个字节才能表示，Unicode 码包含所有的符号。它表示英文字符时有一个字节是 0，这样表示虽然浪费一个字节，但是它把所有的符号都统一成一样的，因此还是划算的。

例 2-3-1   输入一个字符串，统计它包含的大小字母的个数。

程序如下：

```
s=input("Enter a string: ")
count=0
for i in range(len(s)):
    if s[i]>="A" and s[i]<="Z":
        count=count+1
print("count=", count)
```

例 2-3-2   输入一个字符串，统计它包含的大写字母、小写字母、数字的个数。

程序如下：

```
s=input("Enter a string: ")
upper=0
lower=0
digit=0
for i in range(len(s)):
    if s[i]>="A" and s[i]<="Z":
        upper=upper+1
    elif s[i]>="a" and s[i]<="z":
        lower=lower+1
    elif s[i]>="0" and s[i]<="0":
        digit=digit+1
print("Upper chars: ", upper)
print("Lower chars: ", lower)
print("Digit chars: ", digit)
```

2.3.2   字符串函数

1. 字符串的子串 string[start:end:step]

字符串中的子串规则与列表中的切片规则完全一样，只是字符串切片后返回一个新的字符串，原来字符串不变。

start, end, step 可选，冒号是必须的，基本含义是从 start 开始(包括 string[start])，以 step 为步长，获取到 end 的一段元素(注意不包括 string[end])。

如果 step=1，那么就是 string[start], string[start+1], …, string[end-2], string[end-1]，如果 step>1，那么第一为 string[start]，第二为 string[start+step]，第三为 string[start+2*step]，…，最后一个为 string[m]，其中 m<end，但是 m+step>=end。即索引的变化是从 start 开始，按 step 跳跃变化，不断增大，但是不等于 end，也不超过 end。如果 end 超过了最后一个元素的索引，那么最多取到最后一个元素。

start 不指定默认 0，end 不指定默认序列尾，step 不指定默认 1。step 为正数则索引是增加的，索引沿正方向变化；如果 step<0，那么索引是减少的，按负方向变化。

我们不能使用 step=0，不然索引就原地踏步不变了。如果 start, end 为负数，表示倒数的索引，例如 start=−1，则表示 len(string)−1, start=−2，表示 len(string)−2。

例如：

```
s= "abcdefghijk"
print("s---", s)
print("s[0:2]---", s[0:2])
print("s[:2]---", s[:2])
print("s[2:]---", s[2:])
print("s[2, 6]---", s[2:6])
print("s[:]---", s[:])
print("s[::, 2]---", s[::2])
print("s[0:7:2]---", s[0:7:2])
print("s[8:14])---", s[8:14])
print("s[1:5:2]---", s[1:5:2])
print("s[1:4:2]---", s[1:4:2])
```

输出结果如下：

```
s--- abcdefghijk
s[0:2]--- ab
s[:2]--- ab
s[2:]--- cdefghijk
s[2, 6]--- cdef
s[:]--- abcdefghijk
s[::, 2]--- acegik
s[0:7:2]--- aceg
s[8:14])--- ijk
s[1:5:2]--- bd
s[1:4:2]--- bd
```

例如：

```
s= "abcdefghijk"
print("s---", s)
print("s[0:-2]---", s[0:-2])
print("s[:-2]---", s[:-2])
print("s[-2:]---", s[-2:])
print("s[-2, 6]---", s[-2:6])
print("s[:]---", s[:])
print("s[::, -2]---", s[::-2])
print("s[7, -1:-1]---", s[7:-1:-1])
print("s[8:0.-1])---", s[8:0:-1])
print("s[5:1:-2]---", s[5:1:-2])
print("s[4:1.-2]---", s[4:1:-2])
```

输出结果如下：

```
s--- abcdefghijk
s[0:-2]--- abcdefghi
s[:-2]--- abcdefghi
s[-2:]--- jk
s[-2, 6]---
s[:]--- abcdefghijk
s[::, -2]--- kigeca
s[7, -1:-1]---
s[8:0.-1])--- ihgfedcb
s[5:1:-2]--- fd
s[4:1.-2]--- ec
```

2. 字符串转大小写函数 upper(), lower()

格式：s.upper()

作用：返回一个字符串，把 s 中的所有小写字母转为大写字母。

格式：s.lower()

作用：返回一个字符串，把 s 中所有大写字母转为小写字母。

例如：

```
s=" Python(version2.7)is easy
print(s.upper())
print(s.lower())
print(s)
```

输出结果如下：

```
PYTHON(VERSION2.7)IS EASY
python(version2.7)is easy
Python(version2.7)is easy
```

注意：s 自己是不变化的，s.upper()只是返回另外一个大写的字符串。

3. 字符串查找函数 find(t)

格式：s.find(t)

作用：返回在字符串 s 中查找 t 子串第一个出现的位置下标，如不存在就返回 –1。

例如：

```
s="12abcabcab"
i=s.find("ab")
j=s.find("abd")
print(i, j)
```

输出结果如下：

```
2   –1
```

"ab"在 s 中出现两次，返回第一次出现的位置 2，"abd"在 s 中不存在。

4. 字符串查找函数 rfind(t)

格式：s.rfind(t)

作用：返回在字符串 s 中查找 t 子串最后一个出现的位置下标，如不存在就返回 –1。

例如：

```
s="12abcabcab"
i=s.rfind("ab")
j=s.rfind("abd")
print(i, j)
```

输出结果如下：

```
8   –1
```

"ab"在 s 中出现两次，返回第后一次出现的位置 8，"abd"在 s 中不存在。

rfind 函数与 find 函数类似，只是 rfind 从右边开始找 t，而 find 是从左边开始找。

5. 字符串判断函数 startswith(t)，endswith(t)

格式：s.startswith(t)

作用：判断字符串 s 是否以子串 t 开始，返回逻辑值。

格式：s.endswith(t)

作用：判断字符串 s 是否以子串 t 结束，返回逻辑值。

例如：

```
s="12abcabcab"
i=s.startswith("12a")
j=s.endswith("ab")
print(i, j)
```

输出结果如下：

```
True   True
```

显然我们可以用 find 函数来编写功能与 s.startswith(t)函数一样的 myStartsWith(s, t)函数，如下所示：

```
def myStartsWith(s, t):
    i=s.find(t)
    if i==0:
        return True
    else:
        return False
```

myStartsWith(s, t)函数与 s.startswith(t)函数最大的不同是前者为一般函数，字符串 s 作为变量传入，而后者是字符串对象自己的函数，因此使用方法不同。

同样也可以编写功能与 endswith(t)函数一样的 myEndsWith(s, t)函数，如下所示：

```
def myEndsWith(s, t):
    i=s.rfind(t)
    if i>=0 and i==len(s)-len(t):
        return True
    else:
        return False
```

6. 字符串去掉空格函数 lstrip()，rstrip()，strip()

格式：s.lstrip()

作用：返回一个字符串，去掉了 s 中左边的空格。

格式：s.rstrip()

作用：返回一个字符串，去掉了 s 中右边的空格。

格式：s.strip()

作用：返回一个字符串，去掉了 s 中左边与右边的空格，等同 s.lstrip().rstrip()。

例如：

```
s="   ab x yz "
a=s.lstrip()
b=s.rstrip()
c=s.strip()
print(a, len(a))
print(b, len(b))
print(c, len(c))
print(s, len(s))
```

由此可见该函数只是去掉左边或者右边的空格，不去掉字符串中间包含的空格。

7. 字符串分离函数 split(sep)

格式：s.split(sep)

作用：用 sep 分割字符串 s，分割出的部分组成列表返回。

其中 sep 是分隔符，结果是字符串按 sep 字符串分割成多个字符串，这些字符串组成一个列表，即函数 split 调用后返回一个列表。例如：

```
s="I am learning Python"
w=s.split(" ")
print(w)
```

该函数是把字符串 s 按空格分离开成一个列表，输出结果如下：

```
['I', 'am', 'learning', 'Python']
```

如下程序是按 "ear" 把字符串 s 分离开：

```
s="I am learning Python"
w=s.split("ear")
print(w)
```

输出结果如下：

```
['I am l', 'ning Python']
```

如下程序是按 "ab" 分离字符串：

```
s="abcabcabc"
w=s.split("ab")
print(w)
```

输出结果如下：

```
['', 'c', 'c', 'c']
```

第一个元素是一个空字符串。

例 2-3-3 设计程序判断一个字符串是否对称。

有一种判别对称的方法，用 i, j 表示左右的下标，逐步比较(s[0], s[len(s)-1]), (s[1], s[len(s)-2]) …… 如果有不相等的，一定不对称，如果全部比较完毕都相等，则对称。

程序如下：

```
def isSymmetry(s):
    i=0
    j=len(s)-1
    while i<=j:
        if s[i]!=s[j]:
            return 0
        i=i+1
        j=j-1
    return 1
s=input("Enter a string: ")
if isSymmetry(s)==1:
    print("对称")
else:
    print("不对称")
```

任务 2.4   列表与元组类型

2.4.1   列表类型

列表是 Python 中最基本的数据结构，是最常用的 Python 数据类型，列表的数据项不需要具有相同的类型。列表中的每个元素都分配一个数字或索引，第一个索引是 0，第二个索引是 1，以此类推。序列都可以进行的操作包括索引、切片、加、乘、检查成员等。此外，Python 已经内置确定序列的长度以及确定最大和最小的元素的方法。

1. 创建一个列表

只要把逗号分隔的不同的数据项使用方括号括起来即可，如下所示：

```
list1 = ['physics', 'chemistry', 'math', 1997, 2000]
list2 = [1, 2, 3, 4, 5 , 4, 2]
```

列表的元素可以重复，例如 list2 中的 2, 4 都重复出现，列表中的元素类型不一定要完全一样，例如 list1 中有字符串也有数值。

列表类型是 Python 中的 list 类实例，例如：

```
list=['a', 'b', 'c', 'd']
print(list)
print(type(list))
```

输出结果如下：

```
['a', 'b', 'c', 'd']
<class 'list'>
```

其中 type(list)返回的类型是一个名称为 list 的类。

2. 访问列表中的值

使用下标索引来访问列表中的值，同样也可以使用方括号的形式截取字符，截取的方法与字符串中截取的类似，如下所示：

```
list1 = ['physics', 'chemistry', 1997, 2000]
list2 = [1, 2, 3, 4, 5, 6, 7 ]
print ("list1[0]: ", list1[0])
print ("list2[1:5]: ", list2[1:5])
```

输出结果如下：

```
list1[0]:   physics
list2[1:5]:   [2, 3, 4, 5]
```

3. 更新列表

用户可以对列表的数据项进行修改或更新，也可以使用 append()方法来添加列表项，如下所示：

```
list = ['physics', 'chemistry', 1997, 2000]
print ("Value available at index 2 : ")
print (list[2])
list[2] = 2001
print( "New value available at index 2 : ")
print ( list[2])
```

输出结果如下：

```
Value available at index 2 :
1997
New value available at index 2 :
2001
```

4. 删除列表元素

可以使用 del 语句来删除列表的元素，如下实例：

```
list1 = ['physics', 'chemistry', 1997, 2000, 2017]
print ( list1)
del list1[2]
print    ("After deleting value at index 2 : ")
print    (list1)
```

输出结果如下：

```
['physics', 'chemistry', 1997, 2000, 2017]
After deleting value at index 2 :
['physics', 'chemistry', 2000，2017]
```

5. 列表的截取 L[start:end:step]

start, end, step 可选，冒号是必须的，基本含义是从 start 开始(包括 L[start])，以 step 为步长，获取到 end 的一段元素(注意不包括 L[end])。

如果 step=1，那么就是 L[start], L[start+1], …, L[end-2], L[end-1]；如果 step>1，那么第一为 L[start]，第二为 L[start+step]，第三为 L[start+2*step]，…，最后一个为 L[m]，其中 m<end，但是 m+step>=end。即索引的变化是从 start 开始，按 step 跳跃变化，不断增大，但是不等于 end，也不超过 end。如果 end 超过了最后一个元素的索引，那么最多取到最后一个元素。

start 不指定默认 0，end 不指定默认序列尾，step 不指定默认 1。step 为正数则索引是增加的，索引沿正方向变化；如何 step<0，那么索引是减少的，按负方向变化。

我们不能使用 step=0，不然索引就原地踏步不变了。如果 start, end 为负数，表示倒数的索引，例如 start=−1，则表示 len(L)−1，start=−2，表示 len(L)−2。

例 2-4-1　列表的截取。

程序如下：

```
L = [1, 2, 3, 4, 5, 6, 7, 8, 9, 10, 11]
L[0:2]      # [1, 2], 取区间[i, j], 左闭右开
L[:2]       # 同上, 可省略第一位
L:[2:]      # [3, 4, 5, 6, 7, 8, 9, 10, 11]
L[2:-1]     # [3, 4, 5, 6, 7, 8, 9, 10]
L[:]        # 同 l1, 相当于复制一份
L[::2]      # 步长 2, [1, 3, 5, 7, 9, 11]
L[0:7:2]    # [1, 3, 5, 7]
L[7:0:-2]   # [8, 6, 4, 2]    注意步长为负, 理解起来相当于从 7 到 1, 倒序步长 2
L[8:14]     # [9, 10, 11]    注意 end 超过最后的索引
```

例 2-4-2　列表的截取。

程序如下：

```
L = ["a0", "a1", "a2", "a3", "a4", "a5", "a6", "a7", "a8", "a9"]
print("L---", L)
print("L[0:-2]---", L[0:-2])
print("L[:-2]---", L[:-2])
print("L[-2:]---", L[-2:])
print("L[-2, 6]---", L[-2:6])
print("L[:]---", L[:])
print("L[::, -2]---", L[::-2])
print("L[7, -1:-1]---", L[7:-1:-1])
print("L[8:0.-1])---", L[8:0:-1])
print("L[5:1:-2]---", L[5:1:-2])
print("L[4:1.-2]---", L[4:1:-2])
```

执行结果如下：

```
L--- ['a0', 'a1', 'a2', 'a3', 'a4', 'a5', 'a6', 'a7', 'a8', 'a9']
L[0:-2]--- ['a0', 'a1', 'a2', 'a3', 'a4', 'a5', 'a6', 'a7']
L[:-2]--- ['a0', 'a1', 'a2', 'a3', 'a4', 'a5', 'a6', 'a7']
L[-2:]--- ['a8', 'a9']
L[-2, 6]--- []
L[:]--- ['a0', 'a1', 'a2', 'a3', 'a4', 'a5', 'a6', 'a7', 'a8', 'a9']
L[::, -2]--- ['a9', 'a7', 'a5', 'a3', 'a1']
L[7, -1:-1]--- []
L[8:0.-1])--- ['a8', 'a7', 'a6', 'a5', 'a4', 'a3', 'a2', 'a1']
L[5:1:-2]--- ['a5', 'a3']
L[4:1.-2]--- ['a4', 'a2']
```

6. 判断一个元素是否在列表中

我们使用 in 或者 not in 操作判断一个元素是否在或者不在列表中，例如：

```
list=['a', 'b', 'c', 'd']
print('a' in list)
print('A' in list)
print('A' not in list)
```

输出结果如下：

```
True
False
True
```

其中 'a' 在列表中，但是 'A' 不在列表中。

2.4.2 列表常用操作函数

1. list.append(obj)：在列表末尾添加新的对象

如下实例展示了 append()函数的使用方法：

```
aList = [123, 'xyz', 'zara', 'abc']
aList.append( 2009 )
print ("Updated List : ", aList)
```

输出结果如下：

```
Updated List :   [123, 'xyz', 'zara', 'abc', 2009]
```

2. list.count(obj)：统计某个元素在列表中出现的次数

如下实例展示了 count()函数的使用方法：

```
aList = [123, 'xyz', 'zara', 'abc', 123]
print ("Count for 123 : ", aList.count(123))
print ("Count for zara : ", aList.count('zara'))
print ("Count for abc : ", aList.count('abc'))
```

输出结果如下：

```
Count for 123 :   2
Count for zara :   1
Count for abc:   0
```

3. list.index(obj)：从列表中找出某个值第一个匹配项的索引位置

如下实例展示了 index()函数的使用方法：

```
aList = [123, 'xyz', 'zara', 'abc']
print ("Index for xyz : ", aList.index( 'xyz' ) )
print ("Index for zara : ", aList.index( 'zara' ) )
```

输出结果如下：

```
Index for xyz：    1
Index for zara：    2
```

注意：如果元素不在列表中，则会出现错误：

```
print ("Index for abc: ", aList.index( 'abc' ) )    # 错误！
```

4. list.insert(index, obj)：将对象插入列表

如下实例展示了 insert()函数的使用方法：

```
aList = [123, 'xyz', 'zara', 'abc']
aList.insert( 3, 2009)
print ("Final List : ", aList)
```

输出结果如下：

```
Final List : [123, 'xyz', 'zara', 2009, 'abc']
```

5. list.remove(obj)：移除列表中某个值的第一个匹配项

如下实例展示了 remove()函数的使用方法：

```
aList = [123, 'xyz', 'zara', 'abc', 'xyz']
aList.remove('xyz')
print ("List : ", aList)
aList.remove('abc')
print ("List : ", aList)
```

输出结果如下：

```
List :    [123, 'zara', 'abc', 'xyz']
List :    [123, 'zara', 'xyz']
```

注意：如果要删除的元素不在列表中，则会出现错误：

```
aList.remove('abcd')    # 错误！
```

6. 删除元素 del list[index]

要删除某个指定索引 index 的元素，可以采用如下代码：

```
del list[index]
```

例如：

```
aList = [123, 'xyz', 'zara', 'abc']
del aList[2]
print(aList)
```

输出结果如下：

```
[123, 'xyz', 'abc']
```

7. 弹出元素 list.pop(index=-1)

弹出元素与删除元素一样，都是从列表中移除一个元素项。要弹出某个指定索引 index 的元素，可以采用如下代码：

```
list.pop(index)
```

index 的默认值是 −1，使用 list.pop()即弹出最后一个元素。

例如：

```
list=['a', 'b', 'c', 'd']
list.pop()
print(list)
list.pop(0)
print(list)
```

输出结果如下：

```
['a', 'b', 'c']
['b', 'c']
```

2.4.3　列表与函数

列表作为函数参数，如果在函数中改变了列表，那么调用处的列表也同时被改变。也就是说调用处的实际参数与函数的形式参数是同一个变量，这一点与普通的整数、浮点数、字符串变量不同。

例 2-4-3　列表作为函数参数。

程序如下：

```
def fun( mylist, m, s):
    "修改传入的列表"
    mylist.append(1);
    m=1
    s="changed"
    print ("函数内取值: ", mylist, m, s)

# 调用 fun 函数
mylist = [10, 20, 30];
m=0
s="try"
fun( mylist, m, s );
print ("函数外取值: ", mylist, m, s)
```

执行结果如下：

```
函数内取值: [10, 20, 30, 1] 1 changed
函数外取值: [10, 20, 30, 1] 0 try
```

可以看到 mylist 发生了改变，但是整数 m 与字符串 s 没有变化。

例 2-4-4　函数返回列表。

程序如下：

```
def fun():
```

```
        list=[]
        for i in range(10):
                list.append(i)
        return list

    # 调用 fun 函数
    list=fun()
    print(list)
```

执行结果如下：

```
    [0, 1, 2, 3, 4, 5, 6, 7, 8, 9]
```

列表是一个变量对象，函数可以返回一个列表。

2.4.4 元组类型

1. 元组类型

元组也是 Python 中常用的一种数据类型，它是 tuple 类的类型，与列表 list 几乎相似，区别在于：

(1) 元组数据使用圆括号来表示，例如 t=('a', 'b', 'c')；

(2) 元组数据的元素不能改变，只能读取。

因此可以简单理解元组就是只读的列表，除了不能改变外，其他特性与列表完全一样。

例 2-4-5 元组的使用。

程序如下：

```
    s=(1, 3, 2, 3, 4, 5)
    print(s)
    prnt(type(s))
```

执行结果如下：

```
    (1, 3, 2, 3, 4, 5)
    <class 'tuple'>
```

例 2-4-6 建立一个代表星期的元组表，输入一个 0～6 的整数，输出对应的星期名称。

程序如下：

```
    week=("日","一","二","三","四","五","六")
    print(week)
    w=input("Enter an integer: ")
    w=int(w)
    if w>=0 and w<=6:
        print("星期"+week[w])
    else:
        print("错误输入")
```

执行结果如下：

('日', '一', '二', '三', '四', '五', '六')

Enter an integer: 3

星期三

2. 元组与函数参数

如果在函数参数的末尾使用"＊"参数，那么这个参数是可以变化的，一般标注为 *args 参数，在函数中成为一个元组，注意这样的 *args 参数必须放在函数参数的末尾。

例 2-4-7 元组可变参数的函数。

程序如下：

```
def fun(x, y, *args):
    print(x, y)
    print(args)


fun(1, 2)
fun(1, 2, 3)
fun(1, 2, 3, 4)
```

执行结果如下：

```
1 2
()
1 2
(3, )
1 2
(3, 4)
```

其中 args 就是一个可变参数，它根据实践调用成一个元组，fun(1, 2)时 x=1, y=2, args=()，但是 fun(1, 2, 3)时 x=1, y=2, args=(3,)。

显然不能设计成 def fun(x, *args, y)，或者 def fun(*args, x, y)，否则 fun(1, 2, 3)时 args 参数的元组不能确定。

例 2-4-8 设计一个通用的最大值函数 max，它可以计算出任意个数的最大值。

函数设计成带任意参数 *args 的形式：

def max(*args)

那么就可以带任意参数调用了，例如：

print(max(1, 2))

print(max(1, 2, 3, 4))

程序如下：

```
def max(*args):
    print(args)
    m=args[0]
    for i in range(len(args)):
        if m<args[i]:
```

```
                    m=args[i]
        return m

    print(max(1, 2))
    print(max(1, 2, 0, 3))
```

执行结果如下：

```
(1, 2)
2
(1, 2, 0, 3)
3
```

由此可见在调用 max(1, 2)时 1、2 都传递给 args 参数，args=(1, 2)成为一个元组，同样 max(1, 2, 0, 3)时 args=(1, 2, 0, 3)成为一个元组。

任务2.5　字 典 类 型

2.5.1　字典类型

在程序中经常碰到键值对的问题,即给定一个键值key,那么它对应的值value是什么？例如一个学生的姓名(key)是什么(value)，性别(key)是什么(value)。字典是一种可变容器模型，且可存储任意类型对象，字典的每个键值(key=>value)对用冒号(:)分割，每个对之间用逗号(,)分割，整个字典包括在{}中，格式如下所示：

```
d = {key1 : value1, key2 : value2 }
```

键必须是唯一的，但值则不必。值可以取任何数据类型，但键必须是不可变的，如字符串、数字或元组。例如一个简单的字典实例：

```
dict = {'Alice': '2341', 'Beth': '9102', 'Cecil': '3258'}
print(type(dict))
```

输出结果如下：

```
<class 'dict'>
```

由此可见字典类型是一个类名称为 dict 的对象类型。

2.5.2　字典操作

1. 访问字典里的值

把相应的键放入熟悉的方括弧，如下实例：

```
dict = {'Name': 'Zara', 'Age': 7, 'Class': 'First'}
print ("dict['Name']: ", dict['Name'])
print ("dict['Age']: ", dict['Age'])
```

输出结果如下：

  dict['Name']: Zara

  dict['Age']: 7

如果用字典里没有的键访问数据，会输出错误，如下实例。

```
dict = {'Name': 'Zara', 'Age': 7, 'Class': 'First'}
print ("dict['Alice']: ", dict['Alice'])
```

输出结果如下：

  dict['Zara']:

  Traceback (most recent call last):

   File "test.py", line 4, in <module>

    print "dict['Alice']: ", dict['Alice']

  KeyError: 'Alice'

2. 修改字典

向字典添加新内容的方法是增加新的键/值对，修改或删除已有键/值对，如下实例：

```
dict = {'Name': 'Zara', 'Age': 7, 'Class': 'First'}
```

如果一个键值已经存在，可以修改它的值，具体如下：

```
dict['Age'] = 8
```

如果一个键值不存在，可以增加，具体如下：

```
dict['School'] = "DPS School"
print ("dict['Age']: ", dict['Age'])
print ("dict['School']: ", dict['School'])
```

输出结果如下：

  dict['Age']: 8

  dict['School']: DPS School

3. 删除字典元素

删除一个字典用 del 命令，如下实例：

```
dict = {'Name': 'Zara', 'Age': 7, 'Class': 'First'}
del dict['Name']              # 删除键是 'Name' 的条目
dict.clear()                  # 清空词典所有条目
del dict                      # 删除词典
```

4. 字典键的特性

字典值可以没有限制地取任何 python 对象，既可以是标准的对象，也可以是用户定义的，但键不行，注意以下两点：

(1) 不允许同一个键出现两次，创建时如果同一个键被赋值两次，后一个值会被记住，如下实例：

```
dict = {'Name': 'Zara', 'Age': 7, 'Name': 'Manni'}
```

```
print ("dict['Name']: ", dict['Name'])
```

输出结果如下：

```
dict['Name']:   Manni
```

(2) 键必须不可变，所以可以用数字、字符串或元组充当，用列表就不行，如下实例：

```
dict = {['Name']: 'Zara', 'Age': 7}
print ("dict['Name']: ", dict['Name'])
```

输出结果如下：

```
Traceback (most recent call last):
    File "test.py", line 3, in <module>
        dict = {['Name']: 'Zara', 'Age': 7}
TypeError: list objects are unhashable
```

5. 函数得到字典的长度 len(dict)

如下实例展示了 len()函数的使用方法：

```
dict = {'Name': 'Zara', 'Age': 7}
print ("Length : " , len (dict))
```

输出结果如下：

```
Length : 2
```

6. 删除字典 dict 的所有元素 dict.clear()

如下实例展示了 clear()函数的使用方法：

```
dict = {'Name': 'Zara', 'Age': 7}
print ("Start Len : ", len(dict))
dict.clear()
print "End Len : ", len(dict))
```

输出结果如下：

```
Start Len : 2
End Len : 0
```

7. 获取字典的所有键值函数 dict.keys()

Python 字典 keys()函数以列表返回一个字典所有的键，如下实例展示了 keys()函数的使用方法：

```
dict = {'Name': 'Zara', 'Age': 7}
print ("keys : " , dict.keys())
```

输出结果如下：

```
keys : ['Age', 'Name']
```

例 2-5-1　字典存储学生信息。

使用列表与字典存储学生信息，方便查找，学生信息包括姓名、性别和年龄等。一个学生的信息是字典对象，例如：

```
{"Name":"张三", "Gender":"男", "Age":20}
```

设计一个列表 st=[]，它存储多个学生，每个列表元素是一个学生字典对象，例如：

```
st=[{"Name":"张三", "Gender":"男", "Age":20}, {"Name":"张四", "Gender":"女", "Age":20}]
```

程序如下：

```
st=[]
def getStudents():
    global st
    st=[]
    st.append({"Name":"张三", "Gender":"男", "Age":20})
    st.append({"Name": "李四", "Gender": "女", "Age": 21})
    st.append({"Name": "王五", "Gender": "男", "Age": 22})


def seekStudent(Name):
    for s in st:
        if s["Name"]==Name:
            print(s["Name"], s["Gender"], s["Age"])
            return
    print("没有姓名是", Name, "的学生")


getStudents()
seekStudent("张三")
seekStudent("张四")
```

执行结果如下：

```
张三 男 20
没有姓名是 张四 的学生
```

例 2-5-2 显示学生选课成绩。

实际应用中字典与列表可以互相嵌套，例如：

```
{"张三":[{"Python":89}, {"C#":87}], "李四":[{"Java":78}, {"MySql":86}, {"JavaScript":78}]}
```

这个结构表示学生选课的关系，学生的姓名为字典关键字，所选修课程是一个列表，每个列表元素又为一个字典，字典课程后面的值是该学生的成绩，下面程序显示所有学生的课程成绩：

```
m={"张三":[{"Python":89}, {"C#":87}],
   "李四":[{"Java":78}, {"MySql":86}, {"JavaScript":78}]}
for s in m.keys():
    print(s)
    for c in m[s]:
        for k in c.keys():
            print("  课程: ", k, " 成绩:", c[k])
```

执行结果如下：

　　张三

　　　课程：　Python　成绩: 89

　　　课程：　C#　成绩: 87

　　李四

　　　课程：　Java　成绩: 78

　　　课程：　MySql　成绩: 86

　　　课程：　JavaScript　成绩: 78

2.5.3　字典与函数

字典作为函数参数，如果在函数中改变了字典，那么调用处的字典也同时被改变。也就是说调用处的实际参数与函数的形式参数是同一个变量，这一点与普通的整数、浮点数、字符串变量不同。

例 2-5-3　字典作为函数参数。

程序如下：

```
def fun(dict):
    dict["name"]="aaa"
    print("inside:", dict)


dict={"name":"xxx", "age":30};
print("before", dict)
fun(dict)
print("after", dict);
```

执行结果如下：

　　before {'name': 'xxx', 'age': 30}

　　inside: {'name': 'aaa', 'age': 30}

　　after {'name': 'aaa', 'age': 30}

由此可见，dict 在函数中变化后，在主程序中也变化了。

例 2-5-4　字典作为函数返回值。

程序如下：

```
def fun():
    dict={}
    dict["name"]="aaa"
    dict["age"]=20
    dict["gender"]="male"
    return dict


def show(dict):
```

```
        keys=dict.keys()
        for key in keys:
            print(key, dict[key])


dict=fun()
print(dict)
show(dict)
```

执行结果如下：

{'name': 'aaa', 'age': 20, 'gender': 'male'}

name aaa

age 20

gender male

2.5.4 字典参数

Python 中除了用 "*" 表示的元组可变参数外，还有一种是 "**" 表示的字典可变参数，一般标识为**kargs，这种 kargs 在函数中是一个字典，在调用时实际参数按 key=value 的键值对方式提供参数。

例 2-5-5 具有字典可变参数的函数。

程序如下：

```
def fun(x, y=2, **kargs):
    print(x, y)
    print(kargs)


fun(1, 2)
fun(1, 2, z=3)
fun(1, 2, a=3, b="demo")
fun(x=1, y=2, z=3)
fun(y=1, x=2, z=5, s="demo")
fun(x=1, z=3)
```

执行结果如下：

1 2

{ }

1 2

{'z': 3}

1 2

{'a': 3, 'b': 'demo'}

1 2

{'z': 3}

2 1

{'z': 5, 's': 'demo'}

1 2

{'z': 3}

由此可见在调用时 fun(1, 2, a=3, b="demo")使得 kargs={'a': 3, 'b': 'demo'}变成一个字典。

注意：如果函数有 *args 及 **kargs 参数同时存在，那么 *args 必须放在 **kargs 参数前面，即函数最后两个参数是 *args, **kargs。

例 2-5-6 具有元组可变参数与字典可变参数的函数。

程序如下：

```
def fun(x, y=2, *args, **kargs):
    print(x, y)
    print(args)
    print(kargs)


fun(1, 2)
fun(1, 2, 3, 4)
fun(1, 2, 3, 4, z=5, s="demo")
```

执行结果如下：

1 2

()

{}

1 2

(3, 4)

{}

1 2

(3, 4)

{'z': 5, 's': 'demo'}

由于*args 的参数是位置参数，因此有 *args 出现时，*args 前面的函数参数在调用时不能以关键字参数的方式出现，只能以位置参数的方式出现，如下是错误的调用：

```
fun(x=1, y=2, 3, 4)
```

任务 2.6 集 合 类 型

2.6.1 认识集合

集合 set 类似列表，但是不同的是 set 中的元素是不重复的，而且元素位置无关紧要，因此不能使用下标索引引取访问元素。使用 set 创建集合，例如：

```
s=set(['a', 'b', 'c'])
print(s)
print(len(s))
```

输出结果如下：

```
{'c', 'b', 'a'}
3
```

集合的长度即元素个数使用 len 函数。集合元素不能使用下标索引，例如下面是错误的：

```
s=set(['a', 'b', 'c'])
for i in range(len(s)):
    print(s[i], end=" ")
print()
```

但是可以使用下面循环遍历每个元素：

```
s=set(['a', 'b', 'c'])
for x in s:
    print(x, end=" ")
print()
```

输出结果如下：

```
a b c
```

2.6.2　集合操作

1. 增加与删除元素

使用 add(x)增加一个元素 x，如果 x 已经存在就不再增加；使用 discard(x)删除 x 元素，如果 x 不存在就不删除，例如：

```
s=set(['a', 'b', 'c'])
s.add("d")
print(s)
s.discard("a")
print(s)
```

输出结果如下：

```
{'d', 'a', 'c', 'b'}
{'d', 'c', 'b'}
```

如果要清空一个集合，使用 clear 函数，例如：

```
s=set(['a', 'b', 'c'])
s.clear()
print(s)
```

输出结果如下：

```
set()
```

其中 set()是一个空集合。

2. 判断一个元素是否在集合中

使用 x in s 判断 x 元素是否在集合 s 中，例如：

```
s=set(['a', 'b', 'c'])
print("a" in s, "d" in s)
```

输出结果如下：

```
True False
```

3. 并集交集运算

使用 "&" 完成两个集合的并集运算，使用 "|" 完成两个集合的交集运算，例如：

```
s=set(['a', 'b', 'c'])
t=set(['a', 'd', 'c'])
print(s&t)
print(s|t)
```

输出结果如下：

```
{'a', 'c'}
{'a', 'c', 'd', 'b'}
```

4. 判断子集

使用 s.issubset(t)判断 s 是否是 t 的子集，例如：

```
s=set(['a', 'b', 'c'])
t=set(['a', 'd', 'c'])
print(s, " is subset of ", t, s.issubset(t))
s=s&t
print(s, " is subset of ", t, s.issubset(t))
```

输出结果如下：

```
{'c', 'a', 'b'}   is subset of    {'d', 'c', 'a'} False
{'c', 'a'}   is subset of    {'d', 'c', 'a'} True
```

例 2-6-1　集合存储学生名单。

使用 st 集合存储学生名单，程序输入一组学生姓名增加到 st 中，如果姓名已经在列表中就不再增加，输入空字符串时结束输入，如下所示：

```
st=set()
while True:
    s=input("输入姓名:")
    if s=="":
        print("学生名单:", st)
        break
    else:
```

```
            st.add(s)
    print(st)
```

任务 2.7   文 件 操 作

2.7.1   读写文本文件

所谓"文件"是指一组相关数据的有序集合，这个数据集合有一个名称，叫作文件名。实际上在前面的各章中我们已经多次使用了文件，例如源程序文件、目标文件、可执行文件、库文件(头文件)等。文件通常是驻留在外部介质(如磁盘等)上的，在使用时才调入内存中。从文件编码的方式来看，文件可分为 ASCII 码文件和二进制码文件两种。

1. 文件的打开与关闭

文件在进行读写操作之前要先打开，使用完毕要关闭。所谓打开文件，实际上是建立文件的各种有关信息，并使文件指针指向该文件，以便进行其他操作。关闭文件则断开指针与文件之间的联系，也就禁止再对该文件进行操作，同时释放文件占用的资源。

文件用 fopen 函数打开，其调用的一般形式为：

    文件对象=open(文件名，文件模式, encoding=编码)

其中，"文件对象"是一个 Python 对象，open 函数是打开文件的函数，"文件名"是被打开文件的文件名字符串，文件模式指定文件的打开方式，如表 2-1 所示。

表 2-1   文本文件模式

文件使用方式	意 义
rt	只读打开一个文本文件，只允许读数据。如文件存在，则打开后可以顺序读；如文件不存在，则打开失败
wt	只写打开或建立一个文本文件，只允许写数据。如文件不存在，则建立一个空文件；如文件已经存在，则把原文件内容清空
at	追加打开一个文本文件，并在文件末尾写数据。如文件不存在，则建立一个空文件；如文件已经存在，则把原文件打开，并保持原内容不变，文件位置指针指向末尾，新写入的数据追加在文件末尾

文件的编码一般设置为"utf-8"或者"gbk"方式，不同的方式对英文字符没有影响，但是对汉字有影响。文件是什么编码存储的就要使用什么编码方式打开，不然汉字会出现乱码。

打开文件操作完毕后要关闭文件释放文件资源，关闭文件操作是：

    文件对象.close()

其中"文件对象"是用 open 函数打开后返回的对象。

2. 写文本文件

write 函数的功能是把一个字符写入指定的文件中，函数调用的形式为：

文件对象.write(s)

其中 s 是待写入的字符串，用写方式打开一个已存在的文件时将清除原有的文件内容，写入字符从文件首开始。每写入一个字符串，文件内部位置指针向后移动到末尾，指向下一个待写入的位置。

例 2-7-1　分两行保存"Python"与"文件"到文件 abc.txt。

程序如下：

```
fobj=open("abc.txt", "wt", encoding="utf-8")
fobj.write("Python\n 文件")
fobj.close()
```

3. 读取一行 readline

如果要从文件中读取一行，调用的形式为：

文件对象.readline()

readline()的规则是在文件中连续读取字符组成字符串，一直读到"'\n'"字符或者读到文件尾部为止，注意如果读到"'\n'"，那么返回的字符串包含"'\n'"。如果到了文件尾部，再读就读到一个空字符串。

例 2-7-2　readline 读文件 abc.txt。

程序如下：

```
def writeFile():
    fobj = open("abc.txt", "wt" , encoding="utf-8")
    fobj.write("Python\n 文件")
    fobj.close()

def readFile():
    fobj = open("abc.txt", "rt", encoding="utf-8")
    while True:
        s=fobj.readline()
        if s=="":
            break;
    print(s, end="")
    fobj.close()

writeFile()
readFile()
```

执行结果如下：

Python

文件

4. 读取所有行 readlines

如果要从文件中读取所有行，调用的形式为：

文件对象.readlines()

它返回所有的行字符串，每行是用 "\n" 分开的，而且一行的结尾如果是 "\n" 则包含 "\n"。一般再次使用 for 循环从 readlines()中提取每一行。

例 2-7-3 readlines 读文件 abc.txt。

程序如下：

```
def writeFile():
    fobj = open("abc.txt", "wt")
    fobj.write("Python\n 文件")
    fobj.close()


def readFile():
    fobj = open("abc.txt", "rt")
    for x in fobj.readlines():
        print(x, end=")
    fobj.close()


writeFile()
readFile()
```

执行结果如下：

Python

文件

2.7.2 读写二进制文件

二进制文件，实际上所有文件都是二进制文件，因为文件的存储就是一串二进制数据。文本文件也是二进制文件，只不过存储的二进制数据能通过一定的编码转为我们认识的字符而已。二进制文件在打开模式中使用"b"来表示，模式如表 2-2 所示。

表 2-2 二进制文件模式

文件使用方式	意 义
rb	只读打开一个二进制文件，只允许读数据。如文件存在，则打开后可以顺序读；如文件不存在，则打开失败
wb	只写打开或建立一个二进制文件，只允许写数据。如文件不存在，则建立一个空文件；如文件已经存在，则把原文件内容清空
ab	追加打开一个文本文件，并在文件末尾写数据。如文件不存在，则建立一个空文件；如文件已经存在，则把原文件打开，并保持原内容不变，文件位置指针指向末尾，新写入的数据追加在文件末尾

因为二进制文件是字节流，因此二进制文件在打开读写时不用指定编码，也不存在 readline、readlines 读一行或者多行的操作函数。一般二进制文件值使用 read 函数读取，使用 write 函数写入。

1. 写二进制文件

如果要把二进制数据 data 写入文件，则使用 write 函数，格式为：

文件对象.write(data)

例 2-7-4 把字符串"Python 文件"转为二进制数据写入文件 abc.txt。

程序如下：

```
fobj = open("abc.txt", "wb")
fobj.write("Python 文件".encode())
fobj.close()
```

程序使用 encode()函数把字符串按 utf-8 的编码转为二进制数据，然后使用 write 把数据写到文件中。字符串可以通过 encode()或者 encode("utf-8 ")按 utf-8 编码转为二进制数据，通过 encode("gbk ")按 gbk 的编码把字符串转为二进制数据。

2. 读二进制文件

如果不指定要读取的字符数 n，使用 read()读，则读到整个文件的内容；如果使用 read(n)指定要读取的字符数，那么就按要求读取 n 个字符；如果要读 n 个字符，而文件没有那么多字符，那么就读取所有文件内容。函数格式如下：

文件对象.read()

文件对象.read(n)

例 2-7-5 读二进制文件 abc.txt。

程序如下：

```
def writeFile():
    fobj = open("abc.txt", "wb")
    fobj.write("Python 文件".encode())
    fobj.close()

def readFile():
    fobj = open("abc.txt", "rb")
    data=fobj.read()
    print(data)
    print(data.decode())
    fobj.close()

writeFile()
readFile()
```

执行结果如下：

b'Python\xe6\x96\x87\xe4\xbb\xb6'

Python 文件

其中 data 是读出的二进制数据，由此可见汉字"文件"的 utf-8 编码是\xe6\x96\x87\xe4\xbb\xb6，一个汉字占 3 个字节。

例 2-7-6 文本方式读二进制文件 abc.txt。

程序如下：

```
def writeFile():
    fobj = open("abc.txt", "wb")
    fobj.write("Python 文件".encode())
    fobj.close()


def readFile():
    fobj = open("abc.txt", "rt", encoding="utf-8")
    s=fobj.readline()
    print(s)
    fobj.close()


writeFile()
readFile()
```

执行结果如下：

Python 文件

因为 abc.txt 文件使用 utf-8 的编码存储数据，因此可以使用 utf-8 编码的文本格式进行读取。如果使用 gbk 的编码进行读取，即

fobj = open("abc.txt", "rt", encoding="gbk")

结果汉字出现以下乱码：

Python 鏂囦欢

例 2-7-7 二进制方式读文本文件 abc.txt。

程序如下：

```
def writeFile():
    fobj = open("abc.txt", "wt", encoding="gbk")
    fobj.write("Python 文件")
    fobj.close()


def readFile():
    fobj = open("abc.txt", "rb")
    data=fobj.read()
    s=data.decode("gbk")
    print(s)
```

```
            fobj.close()


    writeFile()
    readFile()
```

执行结果如下：

    Python 文件

因为文件是按 gbk 编码存储的，因此采用二进制方式读取的 data 是这种编码的二进制数据，要使用 data.decode("gbk")才能把二进制转为正常的字符串。

由此可见，任何一个文件无论是用什么方式存储，本质上都是二进制文件。如果把这个文件看成是文本文件就存在编码的问题，只有采用正确的编码才能把二进制数据转为正常的文本字符串，不然汉字会出现乱码。

综合任务 学生记录管理

一、项目背景

这个项目是通过列表与字典的方法管理一组学生记录，包含学生学号(No)、姓名(Name)、性别(Sex)和年龄(Age)等。程序运行后显示"＞"的提示符号，在"＞"后面可以输入 show、insert、update、delete 等命令，实现记录的显示、插入、修改、删除等功能，执行一个命令后继续显示"＞"提示符号，如果输入 exit 就退出系统，输入的命令不正确时会提示正确的输入命令，操作过程如下：

```
>show
No              Name            Gender      Age
>insert
No=1
Name=AA
Gender=男
Age=23
增加成功
>show
No              Name            Gender      Age
1               AA              男          23
>update
No=1
Name=BB
Gender=女
Age=21
```

```
修改成功
>show
No              Name            Gender    Age
1               BB              女        21
>
```

二、项目设计

1. 数据结构

学生记录使用一个字典结构，例如：

{"No":"1", "Name":"张三", "Gender":"男", "Age":20}

学生名单使用列表，列表的每个元素是一个字典，例如：

[{"No":"1", "Name":"张三", "Gender":"男", "Age":20},

{"No":"2", "Name":"李四", "Gender":"女", "Age":21}]

其中学号(No)是唯一的，是学生记录的关键字。

2. 数据存储

学生名单存储在 students.txt 文件中，它的每一行是一个学生，各个数据使用逗号分隔，例如：

1, 张三, 男, 20

2, 李四, 女, 21

……

程序启动时读取这个文件的数据到列表中，在程序结束时把列表的数据保存到该文件。

3. 数据管理

数据管理包括增加学生记录 insert，删除学生记录 delete，修改学生记录 update。

三、程序代码

程序如下：

```python
def show():
    print("%-16s %-16s %-8s %-4s" % ("No", "Name", "Gender", "Age"))
    for s in st:
        print("%-16s %-16s %-8s %-4d" % (s["No"], s["Name"], s["Gender"], s["Age"]))
    print("Total ", len(st))


def enter():
    try:
        no=input("学号:")
```

```
        name=input("姓名:")
        gender=input("性别:")
        age=input("年龄:")
        age=int(age)
        if gender!="男" and gender!="女":
            raise Exception("性别错误")
        if age<15 or age>25:
            raise Exception("年龄错误")
        s={}
        s["No"]=no
        s["Name"]=name
        s["Gender"]=gender
        s["Age"]=age
        return s
    except Exception as err:
        print(err)
    return None


def load():
    global st
    try:
        st=[]
        f=open("students.txt", "rt", encoding="utf-8")
        for row in f.readlines():
            r=row.split(", ")
            if len(r)==4:
                s={}
                s["No"]=r[0]
                s["Name"]=r[1]
                s["Gender"]=r[2]
                s["Age"]=int(r[3])
                st.append(s)
        f.close()
    except:
        pass


def save():
    try:
```

```python
        f = open("students.txt", "wt", encoding="utf-8")
        for s in st:
            f.write(s["No"]+", "+s["Name"]+", "+s["Gender"]+", "+str(s["Age"])+"\n")
        f.close()
    except:
        pass


def insert(s):
    global st
    i = 0
    while (i < len(st) and s["No"] > st[i]["No"]):
        i = i + 1
    if (i < len(st) and s["No"] == st[i]["No"]):
        print(s["No"] + "已经存在")
        return False
    st.insert(i, s)
    print("增加成功")
    return True


def update(s):
    global st
    flag = False
    for i in range(len(st)):
        if (s["No"] == st[i]["No"]):
            st[i]["Name"] = s["Name"]
            st[i]["Gender"]=s["Gender"]
            st[i]["Age"]=s["Age"]
            print("修改成功")
            flag = True
            break
    if (not flag):
        print("没有这个学生")
    return flag


def delete(No):
    global st
    flag = False
    for i in range(len(st)):
```

```
            if (st[i]["No"] == No):
                del st[i]
                print("删除成功")
                flag = True
                break
        if (not flag):
            print("没有这个学生")
        return flag


# 主程序
st=[]
load()
while True:
    s = input(">")
    if (s == "show"):
        show()
    elif (s == "insert"):
        s=enter()
        if s:
            insert(s)
    elif (s == "update"):
        s=enter()
        if s:
            update(s)
    elif (s == "delete"):
        no=input("学号:")
        delete(no)
    elif (s == "exit"):
        break
    else:
        print("show:     show students")
        print("insert: insert a new student")
        print("update: insert a new student")
        print("delete: delete a student")
        print("exit:     exit")
save()
```

用增加记录的函数 insert 完成学生记录的增加，增加时通过扫描学生学号(No)确定插入新学生的位置，保证插入的学生按学号(No)从小到大排列。

练　习

1. 计算 $2+4+\cdots+98+100$ 的和。

2. 计算 $1+\dfrac{1}{3}+\dfrac{1}{5}+\cdots+\dfrac{1}{99}$ 的和。

3. 从键盘输入一个字符串，直到回车结束，统计字符串中的大小写英文字母各有多少个。

4. 有一分数序列：$\dfrac{2}{1},\ \dfrac{3}{2},\ \dfrac{5}{3},\ \dfrac{8}{5},\ \dfrac{13}{8},\ \dfrac{21}{13}\cdots$ 求出这个数列的前 20 项之和。

5. 输入若干个同学的成绩，计算平均成绩，输入的成绩为负数或大于 100 时表示结束输入。

6. 输入三个正整数 a、b、n，精确计算 a/b 的结果到小数后 n 位。

7. 一个猴子第一天摘下若干个桃子，吃了一半，还不过瘾，又多吃了一个。第二天早上又将剩下的桃子吃掉一半后又多吃了一个。以后每天早上都吃了前一天剩下的一半多一个。到第 10 天早上想再吃时，只剩下一个桃子了。求第一天猴子共摘了多少个桃子。

8. 有一序列：1，3，5，8，13，21… 用 while 循环求出这个数列的前 20 项之和。

9. 一个数如果正好等于它的所有因子之和，则称为完数，例如 6 的因子有 1、2、3，而 $6=1+2+3$，因此 6 是一个完数。编程序找出 1000 之内的所有完数。

10. 有近千名学生排队，7 人一行余 3 人，5 人一行余 2 人，3 人一行余 1 人，编写程序求学生人数。

11. 小华今年 12 岁，他妈妈比他大 20 岁，编写程序计算多少年后小华妈妈年龄比小华年龄大 1 倍。

12. 两个乒乓球队进行比赛，各出 3 人。甲队为 a、b、c，乙队为 x、y、z。以抽签决定比赛名单。有人向队员打听比赛的名单。a 说他不和 x 比赛，c 说他不和 x、z 比赛，请编程序找出三队赛手的名单。

13. 能直接修改字符串的某个字符吗？例如 s="abc"，s[0]= "1"。

14. 输入一个字符串，输出它所包含的所有数字，例如输入"23me3e"，输出 "233"。

15. 设计一个字符串函数 reverse(s)，它返回字符串 s 的反串，例如 reverse("abc")返回 "cba"。

16. 元祖与列表有什么不同？

17. 一个列表中的元素类型要求一致吗？例如 list=[1, "a"]是正确的吗？

18. 列表是否还可以嵌套别的列表？列举一个例子说明。

19. 用一个字典描述一个日期，包含年(year)、月(month)、日(day)的键字。

20. 写出下列程序的执行结果：

```
d={"students":[{"name":"A", "sex":"M"}, {"name":"B", "sex":"C"}]}
for k1 in d.keys():
```

```
        for k2 in d[k1]:
            for k3 in k2.keys():
                print(k3, k2[k3])
```

21．如果使用字典描述一个时间，例如 t={" hour":12, "minute":23, "second":34}表示时间 "12:23:34"，设计一个函数 interval(t1, t2)，计算时间 t1 与 t2 的时间差，返回相同结构的一个字典时间。

项目 3　Python 数据采集基础

数据分析的基础是数据采集，只有采集到足够的数据才能进行有效的分析，本项目将讲解数据采集的基本方法，涉及一般 Web 程序知识与正则表达式知识。

Web 网站有丰富的数据资源，我们可以从这些网站采集到所需要的数据。那么怎样去获取这些数据呢？在获取这些数据之前我们必须熟悉 Web 网站的访问方法，熟悉文档 HTML 的数据基本结构，掌握从 HTML 文档提取数据的手段，并能编写爬虫程序爬取网站的数据。

本项目的主要学习目标如下：

(1) 掌握简单 Web 网站的创建方法；

(2) 掌握 Web 网站的访问方法；

(3) 掌握 HTML 文档的结构；

(4) 掌握使用正则表达式从文档中提取数据的方法；

(5) 掌握使用 BesutifulSoup 从文档中提取数据的方法；

(6) 掌握网络爬虫程序的编写方法。

任务 3.1　Flask Web 网站

3.1.1　Flask 创建网站

Python 的 Web 程序开发工具很多，Flask 是一种非常容易上手的 Python Web 开发框架，只需要具备基本的 Python 开发技能，就可以开发出一个 Web 应用程序。

Flask 的官网：http://flask.pocoo.org/。

Flask 中文文档：http://dormousehole.readthedocs.org/en/latest/。

Flask 能够通过多种方式扩展自身的功能，比如增强对数据库的支持等。

1. Flask 安装

在 Windows 系统中安装 Flask 的方法非常简单，根据文档的介绍直接在命令行窗口执行以下命令：

```
pip install flask
```

如果最后显示：

```
Successfully installed flask Werkzeug Jinja2 itsdangerous markupsafe
Cleaning up...
```

则表示，Flask 安装成功了。

2. Flask 实例

编写如下程序：

```
import flask
app=flask.Flask(__name__)


@app.route("/")
def hello():
    return "你好"


@app.route("/hi")
def hi():
    return "Hi, 你好"


if __name__=="__main__":
    app.run()
```

执行该程序可以看到显示 http://127.0.0.1:5000 的 Web 地址，在浏览器中输入这个 Web 地址会显示"你好"，如果输入 http://127.0.0.1:5000/hi 则显示"hi, 你好"。

以下是对程序的功能进行分析。

(1) 引入。

```
import flask
```

这条语句是引入 flask 程序包，在 flask 正确安装后都能正常引入。

(2) 创建对象。

```
app=flask.Flask(__name__)
```

这条语句是初始化一个 Flask 对象，参数__name__是程序的名称。

(3) 第一个路由。

```
@app.route("/")
def hello():
    return "你好"
```

这是一段路由控制语句，每个路由地址用@app.route(...)来指明，在访问相对地址是"/"时就执行函数 hello()，因此访问地址 http://127.0.0.1:5000 时会看到"你好"。

(4) 第二个路由。

```
@app.route("/hi")
def hi():
    return "HI, 你好"
```

这也是一段路由控制语句，在访问相对地址是 "/hi" 时就执行函数 hi()，因此访问地址 http://127.0.0.1:5000/hi 时会看到"Hi, 你好"。

(5) 执行程序。

```
if __name__=="__main__":
    app.run()
```

这两句语句表示在主程序中执行 app.run()，一旦 app.run()后就启动了一个 Web 服务器，它的默认地址就是 http://127.0.0.1:5000。

3.1.2 Flask 显示静态网页

如果在程序的同一文件夹中有一个静态网页例如 index.htm，那么很容易用 Flask 编一个 Web 网站程序 server.py，它的主页就是 index.htm，具体程序如下：

```
import flask
app=flask.Flask(__name__)


@app.route("/")
def index():
    try:
        fobj=open("index.htm", "rb")
        data=fobj.read()
        fobj.close()
        return data
    except Exception as err:
        return str(err)


if __name__=="__main__":
    app.run()
```

程序 server.py 的功能是启动一个 Web 服务，在访问网站时读取同一个文件夹下的 index.htm 文件，然后向客户端(浏览器)返回 index.htm 文件的内容。

例如 index.htm 的内容如下：

```
<h1>Welcome Python Flask Web</h1>
It is very easy to make a website by Python Flask.
```

把这个文件按 UTF8 编码保存到 Python 程序所在的文件夹中，运行程序后访问网址 http://127.0.0.1:5000，结果如图 3-1 所示。

图 3-1　Flask Web 网站

任务 3.2　访问 Web 网站

3.2.1　创建 Web 网站

在访问网站之前先自己创建一个学生名单信息的小网站，然后再来学习怎样访问这个网站，获取网站的数据。

例 3-2-1　创建学生信息网站。

根据 Flask 创建网站的规则，编写如下的网站程序：

```
import flask
app=flask.Flask("web")

@app.route("/")
def index():
    s='''
    <h3>学生信息表</h3><table border='1' width='300'>
<tr><td>No</td><td>Name</td><td>Gender</td><td>Age</td></tr>
<tr><td>1001</td><td>张三</td><td>男</td><td>20</td></tr>
<tr><td>1002</td><td>李四</td><td>女</td><td>19</td></tr>
<tr><td>1003</td><td>王五</td><td>男</td><td>21</td></tr>
</table>
'''
    return s

app.run()
```

这个程序运行后得到网址 http://1270.0.0.1:5000，使用浏览器访问这个网址结果如图 3-2 所示。

图 3-2　学生信息

3.2.2　urlib 库

在 Python 2.x 中使用 urlib2 库来访问网站,而在 Python 3.x 中则使用 urllib 的 urllib.request 库来访问网站,本节我们重点介绍 urllib.request 库的方法。

urllib.request 中有一个重要的方法 urlopen(url),它的作用是打开指定的 url 网页,返回一个 response 对象,再使用 response 对象的 read()方法就可以读取网页的二进制数据(data),然后使用 decode()把 data 转为字符串,这个字符串就是网页的 HTML 代码。

例 3-2-2　编写获取学生网站的 HTML 代码。

程序如下:

```
import urllib.request
url="http://127.0.0.1:5000"
resp=urllib.request.urlopen(url)
data=resp.read()
html=data.decode()
print(html)
```

说明:

(1) import urllib.request。

这条语句的作用是引入 urllib.request 程序包,这是 Python 自带的程序包,不需要安装,这个程序包的作用是访问网站。

(2) html = urllib.request.urlopen(url)。

这条语句的作用是打开 url 网址的网站,这里为了简单说明问题打开的是微型网站 http://127.0.0.1:5000,其中 urllib.request 是 urllib 中的一个子程序包,urlopen 是打开网站的函数。

(3) html = html.read()。

打开网站就如同打开一个文件,使用 read 函数读取网站的内容,读出的内容为二进制数据。

(4) html = html.decode()。

这条语句的作用是把二进制数据 html 转为字符串，转换的编码是 utf-8，默认时 decode() 是使用 utf-8 编码，也可以指定转换编码，例如 html=html.decode("utf-8")或者 html= html.decode("gbk")，具体采用什么编码要看网站的网页上的编码说明，如果编码不正确会出现汉字乱码。

(5) print(html)。

显示网站的网页内容，从显示内容可以看出传递过来的就是 index.htm 的网页数据。

由此可见 urllib.request.urlopen(url)是一个很重要的函数，它可以打开一个 url 网址的网站。

值得注意的是 data 是二进制数据，使用 data.decode()是把 data 按 utf-8 的编码转为字符串，但是有些中文网站不是使用 utf-8 编码，而是使用 gbk 编码，这种情况要使用 data.decode ("gbk")来转换，为了通用我们使用下面程序。

例 3-2-3　获取 baidu 网站的 HTML 代码。

程序如下：

```
import urllib.request
url="http://www.baidu.com"
resp=urllib.request.urlopen(url)
data=resp.read()
try:
    html=data.decode()
except:
    html=data.decode("gbk")
print(html)
```

这个程序中先使用 utf-8 编码转换，如果转换不成功就使用 gbk 编码转换。

3.2.3　requests 库

requests 库也是访问网站的库，它与 urllib 库十分相似，但是在使用前要先安装。执行如下命令就可以完成 requestw 库的安装。

```
pip install requests
```

requests 使用 get(url)函数访问 url 网页，返回一个 response 对象，设置该对象的 encoding 编码，就可以通过 text 属性获取网站的 HTML 代码。

例 3-2-4　获取网站的 HTML 代码。

程序如下：

```
import requests
url="http://127.0.0.1:5000"
resp=requests.get(url)
resp.encoding="utf-8"
```

```
html=resp.text
print(html)
```

与 urllib 库不同的是，如果 requests 库编码设置不正确，它不会抛出异常，只会得到乱码。

任务 3.3 正则表达式

3.3.1 匹配模式

匹配模式是数据结构中字符串的一种基本运算，给定一个子串，要求在某个字符串中找出与该子串相同的所有子串，这就是匹配模式。匹配模式可能成功也可能失败，例如在字符串"I am learning"中查找"ear"，显然可以找到"ear"，则匹配成功，但是找"Ear"就失败了。

匹配模式是计算机程序中经常使用的算法，如果要在字符串 T 中找 S 子字符串，最简单的匹配方法就是循环 T 可能的下标，逐步查找是否有 S 的匹配。

例 3-3-1 简单字符串匹配。

程序如下：

```
T="I am learning"
S="earning"
for i in range(len(T)-len(S)+1):
    if T[i:i+len(S)]==S:
        print("匹配成功")
        exit()
print("匹配失败")
```

这个方法简单，但是效率不高，计算机系统有很多高效的匹配方法，正则表达式就是其中常用的方法。

3.3.2 re 模块与字符基础匹配

在 Python 中要使用正则表达式就必须引入 re 模块，然后使用 re.search 函数进行匹配。

例 3-3-2 改写例 3-3-1 的匹配方法。

程序如下：

```
import re
T="I am learning"
S=r"earning"
m=re.search(S, T)
print(m)
```

执行结果如下：

```
<_sre.SRE_Match object; span=(6, 13), match='earning'>
```

其中 S 字符串前面多了一个 "r" 引导，表示正则表达式，re.search(S, T)意思是在 T 中查找 S，m 是一个对象，显示的结果看到 "earning" 出现在 T 的第 6 个序号位置。

怎样提取每个匹配数据呢？正则表达式库 re 的 search 函数使用正则表达式对要匹配的字符串进行匹配，如果匹配不成功就返回 None，如果匹配成功就返回一个匹配对象。匹配对象调用 start()函数得到匹配字符串的开始位置，调用 end()函数得到匹配字符串的结束位置。

例 3-3-3　获取匹配字符串。

程序如下：

```
import re
T="I am learning"
S=r"earning"
m=re.search(S, T)
if m:
    print(T[m.start():m.end()])
else:
    print("匹配失败")
```

执行结果如下：

```
earning
```

由此可见使用正则表达式获取匹配字符串会简单很多，而且正则表达式有很多规则，匹配很灵活，下面我们就来学习一些常用的规则。

(1) 字符 "\d" 匹配 0～9 的一个数值。

例如：

```
import re
reg=r"\d"
m=re.search(reg, "abc123cd")
print(m)
```

结果找到了第一个数值 "1"：

```
<_sre.SRE_Match object; span=(3, 4), match='1'>
```

(2) 字符 "+" 重复前面一个匹配字符一次或者多次。

例如：

```
import re
reg=r"b\d+"
m=re.search(reg, "a12b123c")
print(m)
```

结果找到了 "b123"：

```
<_sre.SRE_Match object; span=(3, 7), match='b123'>
```

注意：r"b\d+"第一个字符要匹配 "b"，后面是连续的多个数字，因此是 "b123"，不是

"a12"。

(3) 字符"*"重复前面一个匹配字符零次或者多次。

"*"与"+"类似，但有区别，例如：

```
import re
reg=r"ab+"
m=re.search(reg, "acabc")
print(m)
reg=r"ab*"
m=re.search(reg, "acabc")
print(m)
```

输出结果如下：

```
<_sre.SRE_Match object; span=(2, 4), match='ab'>
<_sre.SRE_Match object; span=(0, 1), match='a'>
```

由此可见 r"ab+" 匹配的是"ab"，但是 r"ab*" 匹配的是"a"，因为 r"ab*" 表示"b"可以重复零次，但是"+"却要求"b"重复一次以上。

(4) 字符"?"重复前面一个匹配字符零次或者一次。

例如：

```
import re
reg=r"ab?"
m=re.search(reg, "abbcabc")
print(m)
```

输出结果如下：

```
<_sre.SRE_Match object; span=(0, 2), match='ab'>
```

匹配结果是"ab"，其中"b"重复一次。

(5) 字符"."代表任何一个字符，但是没有特别声明时不代表字符"\n"。

例如：

```
import re
s="xaxby"
m=re.search(r"a.b", s)
print(m)
```

结果"."代表了字符"x"：

```
<_sre.SRE_Match object; span=(1, 4), match='axb'>
```

(6) 特殊字符使用反斜线"\"引导，例如"\r""\n""\t""\\"分别表示回车、换行、制表符号与反斜线自身。

例如：

```
import re
reg=r"a\nb?"
m=re.search(reg, "ca\nbcabc")
```

```
print(m)
```

结果匹配 "a\n\b"：

```
<_sre.SRE_Match object; span=(1, 4), match='a\nb'>
```

(7) 字符 "\b" 表示单词结尾，单词结尾包括各种空白字符或者字符串结尾。

例如：

```
import re
reg=r"car\b"
m=re.search(reg, "The car is black")
print(m)
```

结果匹配 "car"，因为 "car" 后面是一个空格：

```
<_sre.SRE_Match object; span=(4, 7), match='car'>
```

(8) "[]" 中的字符是任选一个，如果字符是 ASCII 码中连续的一组，那么可以使用 "-" 符号连接，例如[0-9]表示 0~9 的一个数字，[A-Z]表示 A~Z 的一个大写字母，[0-9A-Z] 表示 0~9 的一个数字或者是 A~Z 的一个大写字母。

例如：

```
import re
reg=r"x[0-9]y"
m=re.search(reg, "xyx2y")
print(m)
```

结果匹配 "x2y"：

```
<_sre.SRE_Match object; span=(2, 5), match='x2y'>
```

(9) "^" 出现在 "[]" 的第一个字符位置，就代表取反，例如 "[^ab0-9]" 表示不是 a、b，也不是 0~9 的数字。

例如：

```
import re
reg=r"x[^ab0-9]y"
m=re.search(reg, "xayx2yxcy")
print(m)
```

结果匹配 "xcy"：

```
<_sre.SRE_Match object; span=(6, 9), match='xcy'>
```

(10) "\s" 匹配任何空白字符，等价 "[\r\n\x20\t\f\v]"。

例如：

```
import re
s="1a ba\tbxy"
m=re.search(r"a\sb", s)
print(m)
```

结果匹配 "a b"：

```
<_sre.SRE_Match object; span=(1, 4), match='a b'>
```

(11) "\w" 匹配包括下划线在内的单词字符，等价于 "[a-zA-Z0-9_]"。

例如：

```
import re
reg=r"\w+"
m=re.search(reg, "Python is easy")
print(m)
```

结果匹配 "Python"：

```
<_sre.SRE_Match object; span=(0, 6), match='Python'>
```

(12) "^" 匹配字符串的开头位置。

例如：

```
import re
reg=r"^ab"
m=re.search(reg, "cabcab")
print(m)
```

输出结果如下：

```
None
```

没有匹配到任何字符，因为 "cabcab" 中虽然有 "ab"，但不是 "ab" 开头。

(13) "$" 字符匹配字符串的结尾位置。

例如：

```
import re
reg=r"ab$"
m=re.search(reg, "abcab")
print(m)
```

匹配结果是最后一个 "ab"，而不是第一个 "ab"：

```
<_sre.SRE_Match object; span=(3, 5), match='ab'>
```

3.3.3 re 模块与字符高级匹配

正则表达式的规则很多，也有一些高级别的应用，下面我们再来学习一些高级别的应用规则。

(1) "|" 代表把左右分成两个部分。

例如：

```
import re
s="xaabababy"
m=re.search(r"ab|ba", s)
print(m)
```

结果匹配 "ab" 或者 "ba" 都可以：

```
<_sre.SRE_Match object; span=(2, 4), match='ab'>
```

(2) 使用括号"(…)"可以把"(…)"看成一个整体，经常与"+""*""?"连续使用，对(…)部分进行重复。

例如：

```
import re
reg=r"(ab)+"
m=re.search(reg, "ababcab")
print(m)
```

结果匹配"abab"，"+"对"ab"进行了重复：

```
<_sre.SRE_Match object; span=(0, 4), match='abab'>
```

(3) 使用"{m, n}"模式表示前面字符最少重复 m 次，最多重复 n 次；"{m, }"模式表示最少重复 m 次，最多不限制；而"{, n}"模式表示最少次数不限制，最多 n 次。

例如：

```
import re
s="abcabbbbbcabbc"
reg=r"ab{2, 4}c"
m=re.search(reg, s)
print(m)
```

输出结果如下：

```
<_sre.SRE_Match object; span=(10, 14), match='abbc'>
```

这个匹配要求"ab{2, 4}c"，即 a 与 c 之间的 b 最少出现 2 次，最多 4 次，因此前面的"abc"与"abbbbbc"都不匹配，只有最后的"abbc"才匹配。读者可以思考 reg=r"ab{2, }c"与 reg=r"ab{, 4}c"的结果是什么。

3.3.4　re 模块的综合应用

例 3-3-4　正则表达式爬取学生网站数据。

通过访问学生网站得到一张 HTML 格式的学生表格如下所示：

```
<h3>学生信息表</h3><table border='1' width='300'>
<tr><td>No</td><td>Name</td><td>Gender</td><td>Age</td></tr>
<tr><td>1001</td><td>张三</td><td>男</td><td>20</td></tr>
<tr><td>1002</td><td>李四</td><td>女</td><td>19</td></tr>
<tr><td>1003</td><td>王五</td><td>男</td><td>21</td></tr>
</table>
```

现在问题是我们怎么样提取学生的 No、Name、Gender、Age 等数据？

要从这个 HTML 网页爬取数据，先要分解出第一行：

```
<tr><td>No</td><td>Name</td><td>Gender</td><td>Age</td></tr>
```

再分解这一行的\<td\>…\</td\>数据，就知道这个表有哪些标题字段，这个表目前有 No、Name、Gender、Age 字段。

接下来分解出下一行\<tr\>…\</tr\>：

> \<tr\>\<td\>1001\</td\>\<td\>张三\</td\>\<td\>男\</td\>\<td\>20\>/td\>\</tr\>

再分解这一行的\<td\>…\</td\>数据，得到 No、Name、Gender、Age 的数据依次是"1001""张三""男""20"，把这一行的数据写入对应的数据库即可。

要分解出\<tr\>…\</tr\>，只要使用 r"\<tr\>"与 r"\</tr\>"的正则表达式即可，先用 r"\<tr\>" 匹配 HTML 代码，得到第一个\<tr\>的位置，再使用 r"\</tr\>" 匹配 HTML 字符串，得到第一个\</tr\>的位置，取出\<tr\>…\</tr\>的数据部分，再次使用 r"\<td\>"与 r"\</td\>" 的正则表达式分解\<td\>…\</td\>的数据。

程序如下：

```python
import urllib.request
import re
def search(html):
    rows=[]
    # 查询第一个<tr>...</tr>行
    m=re.search(r"<tr>", html)
    n=re.search(r"</tr>", html)
    if m!=None and n!=None:
        # 跳过第一行的标题
        html=html[n.end():]
    # 查询第二行开始的数据部分
    m=re.search(r"<tr>", html)
    n=re.search(r"</tr>", html)
    while(m!=None and n!=None):
        row=[]
        # start 是<tr>的结束位置
        start=m.end()
        # end 是</tr>的开始位置
        end=n.start()
        # t 是<tr>...</tr>包含的字符串
        t=html[start:end]
        # html[n.end():]是剩余的 html
        html=html[n.end():]
        # 查询第一组<td>...</td>
        a=re.search(r"<td>", t)
        b=re.search(r"</td>", t)
        i=0
```

```
        while (a!=None and b!=None):
            start=a.end()
            end=b.start()
            # 找到一组<td>...</td>的数据
            row.append(t[start:end])
            #t[b.end():]是本行剩余的部分
            t = t[b.end():]
            a = re.search(r"<td>", t)
            b = re.search(r"</td>", t)
        # 增加一行数据
        rows.append(row)
        # 继续查找下一行<tr>...</tr>
        m = re.search(r"<tr>", html)
        n = re.search(r"</tr>", html)
    return rows


url="http://127.0.0.1:5000"
resp=urllib.request.urlopen(url)
data=resp.read()
html=data.decode()
rows=search(html)
print(rows)
```

执行该程序成功提取出各个数据如下：

[['1001', '张三', '男', '20'], ['1002', '李四', '女', '19'], ['1003', '王五', '男', '21']]

任务 3.4　Python 网络爬虫基础

爬虫程序是一组客户端程序，它的功能是访问 Web 服务器并从中获取网页代码，网页代码中包含了各种各样的数据信息，程序从中提取所关心的数据，把数据整理后存储在本地的数据库中，这些数据将应用在数据分析等领域中。

编写一个爬虫程序一般有三个步骤：

(1) 使用 urlib 或者 requests 等库的函数获取网站网页的 HTML 代码；

(2) 使用 BeautifulSoup 库的函数方法解析 HTML，提取所关心的数据；

(3) 使用数据库或者文件存储数据。

3.4.1　BeautifulSoup 爬取数据

在获取网页的 HTML 代码后，要解析 HTML 代码的结构才能提取所要的数据，

BeautifulSoup 库就是一个功能强大的工具。

1. BeautifulSoup 库安装

要使用 BeautifulSoup 必须先安装 bs4 库，安装命令如下：

```
pip install bs4
```

BeautifulSoup 要使用 lxml，因此还要安装 lxml 库，安装命令如下：

```
pip install lxml
```

安装完成后使用下面的命令引入 BeautifulSoup 库：

```
from bs4 import BeautifulSoup
```

2. BeautifulSoup 装载 HTML 文档

如果 html 是一个 HTML 文档，通过：

```
from bs4 import BeautifulSoup
soup=BequtifulSoup(html, "lxml")
```

就可以创建一个名称为 soup 的 BeautifulSoup 对象，这个对象的类型是 bs4.element.Tag，其中 html 是一个 HTML 文档字符串，lxml 是一个参数，表示创建的是一个通过 lxml 解析器解析的文档。

例 3-4-1 装载并且打印 HTML 文档。

程序如下：

```
from bs4 import BeautifulSoup
html='''
<html><head><title>Demo</title></head><body>
<div>A<p>B</p>C</div><span>D</span>
</body></html>
'''
soup=BeautifulSoup(html, "html.parser")
html=soup.prettify()
print(html)
```

通过调用 soup.prettify()可以把 soup 对象的文档树变成一个字符串，执行这个程序后打印出 HTML 文档的树状结构如下：

```
<html>
 <head>
  <title>
   Demo
  </title>
 </head>
 <body>
  <div>
```

```
    A
    <p>
     B
    </p>
    C
   </div>
   <span>
    D
   </span>
  </body>
 </html>
```

BeautifulSoup 装载文档的功能十分强大,它在装载的过程中如果发现 HTML 文档中的元素有缺失的情况,会尽可能地对文档进行修复,使得最后的文档树是一棵完整的树。这一点十分重要,因为我们面临的大多数网页的元素都或多或少是缺失的,BeautifulSoup 都能正确装载和修补它们。

3. BeautifulSoup 查找 HTML 元素

BeautifulSoup 使用 CSS 的语法来查询文档树中的元素,规则如下:

```
tag.select(css)
```

其中 tag 是一个 bs4.element.Tag 对象,即 HTML 中的一个 element 节点元素,select 是它的查找方法,css 是类似 css 语法的一个字符串。

tag.select(css)返回一个列表,每个元素是一个 bs4.element.Tag 元素对象。

例 3-4-2 查找 HTML 文档中所有<p>下面的<a>元素。

程序如下:

```
from bs4 import BeautifulSoup
doc='''
<html><head><title>The Dormouse's story</title></head>
<body>
<p class="title"><b>The Dormouse's story</b></p>
<p class="story">
Once upon a time there were three little sisters; and their names were
<a href="http://example.com/elsie" class="sister" id="link1">Elsie</a>,
<a href="http://example.com/lacie" class="sister" id="link2">Lacie</a> and
<a href="http://example.com/tillie" class="sister" id="link3">Tillie</a>;
and they lived at the bottom of a well.
</p>
<p class="story">...</p>
</body>
</html>
```

```
"'
soup=BeautifulSoup(doc, "lxml")
tags=soup.select("p[class='story'] a")
for tag in tags:
    print(tag)
```

执行结果如下：

```
<a class="sister" href="http://example.com/elsie" id="link1">Elsie</a>
<a class="sister" href="http://example.com/lacie" id="link2">Lacie</a>
<a class="sister" href="http://example.com/tillie" id="link3">Tillie</a>
```

另外我们通过下面的方法可以得到一样的结果：

```
tags=soup.select("p a")
tags=soup.select("a")
tags=soup.select("p[class] a")
```

例 3-4-3   查找文档树中元素的例子。

程序如下：

```
soup.select("p a")  查找文档中所有<p>节点下的所有<a>元素节点；
soup.select("p[class='story'] a")查找文档中所有属性 class="story"的<p>节点下的所有<a>元素节点；
soup.select("p[class] a")  查找文档中所有具有 class 属性的<p>节点下的所有<a>元素节点；
soup.select("a[id='link1']")  查找属性 id="link1"的<a>节点；
soup.select("body head title")  查找<body>下面<head>下面的<title>节点；
soup.select("body [class] ")  查找<body>下面所有具有 class 属性的节点；
soup.select("body [class] a")  查找<body>下面所有具有 class 属性的节点下面的<a>节点；
<head>下面的<title>节点；
```

4. BeautifulSoup 获取属性值与文本值

如果一个元素已经找到，例如找到<a>元素，BeautifulSoup 使用 tag[attrName]来获取 tag 元素的名称为 attrName 的属性值，使用 tag.text 获取 tag 元素的文本值，其中 tag 是一个 bs4.element.Tag 对象。

例 3-4-4   查找文档中所有超级链接地址与各个链接的文本值。

程序如下：

```
from bs4 import BeautifulSoup
doc='''
<html><head><title>The Dormouse's story</title></head>
<body>
<p class="title"><b>The Dormouse's story</b></p>
<p class="story">
Once upon a time there were three little sisters; and their names were
```

```
<a href="http://example.com/elsie" class="sister" id="link1">Elsie</a>,
<a href="http://example.com/lacie" class="sister" id="link2">Lacie</a> and
<a href="http://example.com/tillie" class="sister" id="link3">Tillie</a>;
and they lived at the bottom of a well.
</p>
<p class="story">...</p>
</body>
</html>
"""
soup=BeautifulSoup(doc, "lxml")
tags=soup.select("p[class='story'] a")
for tag in tags:
    print(tag["href"], " --- ", tag.text)
```

找到的每个 tag 是一个<a>元素，tag["href"]是 href 值，tag.text 是文本值，执行结果如下：

```
http://example.com/elsie    ---    Elsie
http://example.com/lacie    ---    Lacie
http://example.com/tillie   ---    Tillie
```

5. 查找孩子元素与子孙元素

当 select(css)中的 css 有多个元素时，元素之间用 ">" 分开(注意>的前后至少包含一个空格)，就是查找孩子元素，例如 soup.select("div > p")是查找所有<div>节点下面的孩子元素<p>，不包含子孙元素。

如果元素之间用空格分开，就是查找子孙元素，例如 soup.select("div p")是查找所有<div>节点下面的子孙<p>元素。

例 3-4-5 查找孩子与子孙元素。

程序如下：

```
from bs4 import BeautifulSoup
doc="<div><p>A</p><span><p>B</p></span></div><div><p>C</p></div>"
soup=BeautifulSoup(doc, "lxml")
print("查找孩子元素")
tags=soup.select("div > p")
for tag in tags:
    print(tag)
print("查找子孙元素")
tags=soup.select("div p")
for tag in tags:
    print(tag)
```

执行结果如下：

查找孩子元素

<p>A</p>

<p>C</p>

查找子孙元素

<p>A</p>

<p>B</p>

<p>C</p>

其中 tags=soup.select("div > p")是查找<div>下面的孩子元素<p>，因此不包含<span>下面的
<p>B</p>。

6. 查找兄弟元素

在 select 中用"~"连接两个元素表示查找前一个元素后面的所有同级别的兄弟元素(注
意"~"前后至少有一个空格)，例如 soup.select("div ~ p")查找<div>后面的所有同级别的<p>
兄弟元素。

在 select 中用"+"连接两个元素表示查找前一个元素后面的第一个同级别的兄弟元素
(注意"+"前后至少有一个空格)。

例 3-4-6　查找兄弟元素。

程序如下：

```
from bs4 import BeautifulSoup
doc="<body>demo<div>A</div><b>X</b><p>B</p><span><p>C</p></span><p>D</p></div></body>"
soup=BeautifulSoup(doc, "lxml")
print("后面所有的兄弟元素")
tags=soup.select("div ~ p")
for tag in tags:
    print(tag)
print("后面第一个兄弟元素")
tags=soup.select("div + p")
for tag in tags:
    print(tag)
```

执行结果如下：

后面所有的兄弟元素

<p>B</p>

<p>D</p>

后面第一个兄弟元素

其中 tags=soup.select("div ~ p")找到<div>后面同级别的所有<p>元素，不包含<span>中的
<p>C</p>，因为它与<div>不同级别。而 tags=soup.select("div + p")要找<div>的下一个兄弟
元素<p>，但是<div>的下一个兄弟元素是<b>X</b>，不是<p>节点，因此没有找到，注意
结果不是<p>B</p>。

3.4.2 BeautifulSoup 爬虫程序

一般使用 BeautifulSoup 可以爬取到任何静态网站的数据，而且比使用正则表达式要方便很多，下面的例子演示使用 BesutifulSoup 爬取学生网站信息的过程。

例 3-4-7 BesutifulSoup 爬取学生网站数据。

程序如下：

```
import urllib.request
from bs4 import BeautifulSoup

def search(html):
    rows=[]
    root=BeautifulSoup(html, "lxml")
    trs=root.find_all("tr")
    for tr in trs:
        tds=tr.find_all("td")
        row=[]
        for td in tds:
            row.append(td.text)
        rows.append(row)
    return rows

url="http://127.0.0.1:5000"
resp=urllib.request.urlopen(url)
data=resp.read()
html=data.decode()
rows=search(html)
del rows[0]
print(rows)
```

执行结果如下：

[['1001', '张三', '男', '20'], ['1002', '李四', '女', '19'], ['1003', '王五', '男', '21']]

综合任务 爬取城市天气预报

一、项目背景

在中国天气网(http://www.weather.com.cn)网站搜索栏中输入一个城市的名称，例如输入深圳，页面会转到地址 http://www.weather.com.cn/weather/101280601.shtml 的网页显示深圳的天气预报，如图 3-3 所示，其中 101280601 是深圳的代码，每个城市或者地区都有一个代码。我们本节的任务是爬取 7 天的天气预报数据。

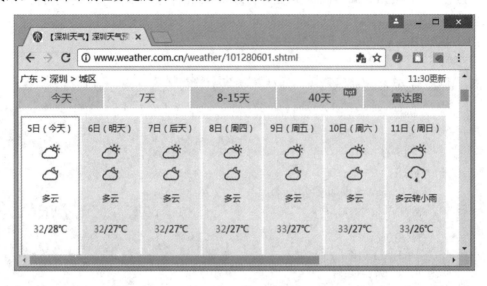

图 3-3　深圳天气预报

二、项目实现

用 Chrome 浏览器浏览网站，鼠标指向 7 天天气预报的今天位置，单击鼠标右键弹出菜单，选择"检查"就可以打开这个位置对应的 HTML 代码，如图 3-4 所示。

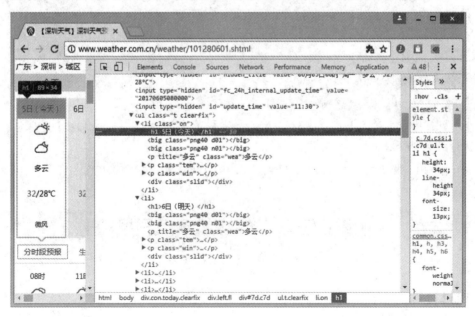

图 3-4　HTML 代码

选择 \<ul class="t clearfix"\> 元素，单击鼠标右键弹出菜单，选择 "Edit as HTML"，就可以进入编辑状态，复制整个 HTML 代码，结果如下：

```html
<ul class="t clearfix">
<li class="on">
<h1>5 日(今天)</h1>
<big class="png40 d01"></big>
<big class="png40 n01"></big>
<p title="多云" class="wea">多云</p>
<p class="tem">
<span>32</span>/<i>28℃</i>
</p>
<p class="win">
<em>
<span title="无持续风向" class=""></span>
<span title="无持续风向" class=""></span>
</em>
<i>微风</i>
</p>
<div class="slid"></div>
</li>
<li>
<h1>6 日(明天)</h1>
<big class="png40 d01"></big>
<big class="png40 n01"></big>
<p title="多云" class="wea">多云</p>
<p class="tem">
<span>32</span>/<i>27℃</i>
</p>
<p class="win">
<em>
<span title="无持续风向" class=""></span>
<span title="无持续风向" class=""></span>
</em>
<i>微风</i>
</p>
<div class="slid"></div>
</li>
<li>
```

```html
<h1>7 日(后天)</h1>
<big class="png40 d01"></big>
<big class="png40 n01"></big>
<p title="多云" class="wea">多云</p>
<p class="tem">
<span>32</span>/<i>27℃</i>
</p>
<p class="win">
<em>
<span title="无持续风向" class=""></span>
<span title="无持续风向" class=""></span>
</em>
<i>微风</i>
</p>
<div class="slid"></div>
</li>
<li>
<h1>8 日(周四)</h1>
<big class="png40 d01"></big>
<big class="png40 n01"></big>
<p title="多云" class="wea">多云</p>
<p class="tem">
<span>32</span>/<i>27℃</i>
</p>
<p class="win">
<em>
<span title="无持续风向" class=""></span>
<span title="无持续风向" class=""></span>
</em>
<i>微风</i>
</p>
<div class="slid"></div>
</li>
<li>
<h1>9 日(周五)</h1>
<big class="png40 d01"></big>
<big class="png40 n01"></big>
<p title="多云" class="wea">多云</p>
```

```
<p class="tem">
<span>33</span>/<i>27℃</i>
</p>
<p class="win">
<em>
<span title="无持续风向" class=""></span>
<span title="无持续风向" class=""></span>
</em>
<i>微风</i>
</p>
<div class="slid"></div>
</li>
<li>
<h1>10 日(周六)</h1>
<big class="png40 d01"></big>
<big class="png40 n01"></big>
<p title="多云" class="wea">多云</p>
<p class="tem">
<span>33</span>/<i>27℃</i>
</p>
<p class="win">
<em>
<span title="无持续风向" class=""></span>
<span title="无持续风向" class=""></span>
</em>
<i>微风</i>
</p>
<div class="slid"></div>
</li>
<li>
<h1>11 日(周日)</h1>
<big class="png40 d01"></big>
<big class="png40 n07"></big>
<p title="多云转小雨" class="wea">多云转小雨</p>
<p class="tem">
<span>33</span>/<i>26℃</i>
</p>
<p class="win">
```

```
<em>
<span title="无持续风向" class=""></span>
<span title="无持续风向" class=""></span>
</em>
<i>微风</i>
</p>
<div class="slid"></div>
</li>
</ul>
```

分析这段代码容易发现 7 天的天气预报实际上在一个<ul class="t clearfix">元素之中，每天是一个<li>元素，每天的<li>结构是一样的，因此可以通过 BeautifulSoup 的元素查找方法得到各个元素的值。

三、程序代码

通过分析 HTML 代码，我们可以编写程序爬取深圳 7 天的天气预报数据，具体如下：

```
from bs4 import BeautifulSoup
import urllib.request
url="http://www.weather.com.cn/weather/101280601.shtml"
try:
    resp=urllib.request.urlopen(url)
    data=resp.read()
    try:
        html=data.decode()
    except:
        html=data.decode("gbk")
    fobj=open("weather.txt", "wt")
    soup=BeautifulSoup(html, "lxml")
    lis=soup.select("ul[class='t clearfix'] li")
    for li in lis:
        try:
            date=li.select('h1')[0].text
            weather=li.select('p[class="wea"]')[0].text
            temp=li.select('p[class="tem"] span')[0].text+"/"+li.select('p[class="tem"] i')[0].text
            print(date, weather, temp)
            fobj.write(date+", "+weather+", "+temp+"\n")
        except Exception as err:
            print(err)
```

```
        fobj.close()
    except Exception as err:
        print(err)
```

程序爬取结果如下：

　　5 日(今天)　多云　32/28℃

　　6 日(明天)　多云　32/27℃

　　7 日(后天)　多云　32/27℃

　　8 日(周四)　多云　32/27℃

　　9 日(周五)　多云　33/27℃

　　10 日(周六)　多云　33/27℃

　　11 日(周日)　多云转小雨　33/26℃

这个结果同时存储到文件 weather.txt 中。

练　习

1. 说明下面正则表达式匹配的字符串是什么？

(1) r"\w+\s"

(2) r"\w+\b"

(3) r"\d+-\d+"

(4) r"\w+@(\w+\.)+\w+"

(5) r"(b|cd)ef "

2. 用 BeautifulSoup 装载下面的 HTML 文档，并打印出规范的格式，比较与原来 HTML 文档的区别，说明 BeautifulSoup 是如何修改的？

```
<body>
<div>Hi<br>
<span>Hello</SPAN>
```

3. 下面是一段 HTML 编码：

```
<body>
<bookstore>
<book id="b1">
    <title lang="english">Harry Potter</title>
    <price>23.99</price>
</book>
<book id="b2">
    <title lang="chinese">学习 XML</title>
    <price>39.95</price>
</book>
```

```
<book id="b3">
    <title lang="english">Learning Python</title>
    <price>30.20</price>
</book>
</bookstore>
</body></html>
```

试用 BeautifulSoup 完成下面任务：

(1) 找出所有英文书的名称与价格；

(2) 找出价格在 30 元以上的所有书的名称。

4. 访问一个网站，查看它的图像\<img\>元素。

(1) 使用正则表达式查找网页中所有的形如\<img src="..."\>的 jpg 图片文件，并下载这些图片。

(2) 使用 BeautifulSoup 查找网页中所有的形如\<img src="..."\>的 jpg 图片文件，并下载这些图片。

5. 访问网站 http://fx.cmbchina.com/hq/看到如图 3-5 所示的外汇汇率，分析该网站的外汇数据 HTML 结构，编写爬虫程序爬取各个外币的现汇卖出价、现钞卖出价、现汇买入价、现钞买入价。

交易币	交易币单位	基本币	现汇卖出价	现钞卖出价	现汇买入价	现钞买入价	时间
港币	100	人民币	90.45	90.45	90.09	89.46	16:03:12
新西兰元	100	人民币	452.53	452.53	448.93	434.73	16:03:12
奥大利亚元	100	人民币	485.27	485.27	481.41	466.18	16:03:12
美元	100	人民币	709.24	709.24	706.06	700.40	16:03:12
欧元	100	人民币	789.50	789.50	783.20	758.43	16:03:12
加拿大元	100	人民币	543.75	543.75	539.41	522.35	16:03:12
英镑	100	人民币	912.53	912.53	905.25	876.62	16:03:12
日元	100	人民币	6.5388	6.5388	6.4866	6.2815	16:03:12
新加坡元	100	人民币	521.10	521.10	516.94	500.59	16:03:12
瑞士法郎	100	人民币	716.17	716.17	710.47	688.00	16:03:12

图 3-5　外汇汇率

项目 4　Python 数据分析基础

Python 在数据分析中得到广泛使用,其中一个原因是它有一些功能强大的数据处理库,其中 NumPy、Pandas 和 Matplotlib 是比较出名的三个库。NumPy 是一个多维数组,它有强大而且快速的数组处理能力,还有处理数据矩阵、线性方程的能力。Pandas 是一张有行标题与列标题的二维数据表,类似数据库表,它有对表格强大的数据处理能力,包括数据的查找、筛选、切割、排序等功能。Matplotlib 则是一个功能强大的图像库,能把 NumPy 和 Pandas 的数据进行可视化处理,使用它能画出曲线图、直方图、饼图、散点图等一系列常用到的图形,使得我们能对数据有一个直观的认识。

本项目的主要学习目标如下:

(1) 掌握 NumPy 与 Pandas 数据表的创建;

(2) 掌握 NumPy 与 Pandas 数据表的切割、筛选;

(3) 掌握 NumPy 与 Pandas 数据表的统计计算;

(4) 掌握 NumPy 与 Pandas 数据表的数据增加、删除、修改;

(5) 掌握 NumPy 与 Pandas 数据表的数据排序;

(6) 掌握 Natplotlib 的线图、子图、饼图、散点图、柱状图等常用图像的绘制与应用。

任务 4.1　NumPy 科学计算包

4.1.1　NumPy 简介与安装

NumPy(Numerical Python)是 Python 语言的一个扩展程序库,支持大量的维度数组与矩阵运算,此外也针对数组运算提供大量的数学函数库。NumPy 经常与 Matplotlib 绘图库一起使用,可以画出各种各样的图像,NumPy 在机器学习中应用十分广泛,很多机器学习的函数都采用 NumPy 作为参数。

要使用 NumPy 就必须先安装它,安装命令如下:

```
pip install numpy
```

安装成功后就可以引用了,命令如下:

```
import numpy
```

由于程序中经常要用到 NumPy，往往建议使用下列的引用命令：

```
import numpy as np
```

这样就在引用时把 numpy 改成简单的名称 np，使用起来会更加方便。

4.1.2 NumPy 数组及其操作

1. 创建一般数组

NumPy 本质上是一个数组，可以是一维的、二维的甚至是任意高维的数组，NumPy 使用 array([...])建立数组，其中[...]是数组的数据，例如：

```
a=np.array([1, 2, 3])
```

其中的 a 就是一个一维的数组，它有 3 个元素，分别是 1、2、3，我们使用 a[0]、a[1]、a[2] 来访问它们。

例 4-1-1 建立一维的 NumPy 数组并显示。

程序如下：

```
import numpy as np
a=np.array([1, 3, 0, -1])
for i in range(len(a)):
    print(a[i], end=" ")
print()
```

执行结果如下：

```
1 3 0 -1
```

在建立数组的同时也能指定数据的类型，通过 np.int 指定是整数，例如：

```
a=np.array([1, 3, 0, -1], np.int)
```

通过 np.float 指定是浮点数，例如：

```
a=np.array([1, 3, 0, -1], np.float)
```

NumPy 支持的数据类型很多，还可以是复数，np.complex 指定是复数，例如：

```
a=np.array([1, 1+2i, 1-2i, 0], np.complex)
```

甚至还可以是字符串，np.unicode 指定是字符串，例如：

```
a=np.array(['数组', 'array'], np.unicode)
```

NumPy 也可以是二维数组，例如：

```
a=np.array([[1, 2, 3], [4, 5, 6]], np.int)
```

注意：这里有两重的方括号，二维数组可以看成是一维数组的扩展，如果看成一维数组，那么数组的第一个元素 a[0]是[1, 2, 3]，第二个元素 a[1]是[4, 5, 6]，而每个元素都是一个一维的数组。

例 4-1-2 建立二维的 NumPy 数组并显示。

程序如下：

```
import numpy as np
```

```
a=np.array([[1, 2, 3], [4, 5, 6]], np.int)
for i in range(len(a)):
    print(a[i])
print()
```

执行结果如下：

[1 2 3]

[4 5 6]

2. 数组的维数

我们使用 ndim 获取数组的维数，使用 shape 获取每维度的大小，shape 是一个元祖。

例 4-1-3　显示数组的维数。

程序如下：

```
import numpy as np
print("a 数组")
a=np.array([1, 2, 3], np.int)
print("ndim=", a.ndim)
print("shape=", a.shape)
print("a=", a)
print("b 数组")
b=np.array([[1, 2, 3], [4, 5, 6]], np.int)
print("ndim=", b.ndim)
print("shape=", b.shape)
print("b=", b)
```

执行结果如下：

a 数组

ndim= 1

shape= (3,)

a= [1 2 3]

b 数组

ndim= 2

shape= (2, 3)

b= [[1 2 3]

　[4 5 6]]

由此可见数组 a 是一维数组，a.shape 值是(3,)，表示有 3 个元素。数组 b 是二维数组，b.shape 是(2, 3)，它在第一、二维度上的最大值分别是 2、3，表示一个 2 行 3 列的数据矩阵。

3. 创建特殊值数组

有些特殊值的数组，例如元素全部为 0 或 1 的数组、全部为空的数组，NumPy 创建这类数组有如下特殊的方法：

(1) numpy.zeros(shape, dtype)创建形状为 shape、类型为 dtype 的全 0 数组；

(2) numpy.ones(shape, dtype)创建形状为 shape、类型为 dtype 的全 1 数组；

(3) numpy.empty(shape, dtype)创建形状为 shape、类型为 dtype 的空数组(empty)，空数组的值不是真为空，而是指数组没有初始值，是随机值；

(4) numpy.random.random(shape)创建一个形状为 shape、值为(0, 1)范围内均匀分布随机值的数组；

(5) numpy.random.randint(a, b, shape)创建一个形状为 shape、值为[a, b)整数范围内的随机值的数组；

(6) numpy.random.normal(mu, std, shape) 创建一个形状为 shape、平均值为 mu、均方差为 std 的正态分布数组。

例 4-1-4 创建 zeros、ones、empty、random 数组。

程序如下：

```
import numpy as np
a=np.zeros((2, 3), np.int)
print("a=", a)
b=np.ones((2, 3), np.int)
print("b=", b)
c=np.empty((2, 3), np.int)
print("c=", c)
d=np.random.random((2, 3))
print("d=", d)
e=np.random.randint(1, 4, (2, 3))
print("e=", e)
```

执特结果如下：

a= [[0 0 0]

　 [0 0 0]]

b= [[1 1 1]

　 [1 1 1]]

c= [[1912602624　　 159　　 7026]

　 [　 5796352 1399980032 1912602624]]

d= [[0.05554202 0.0550402　 0.0655872]

　 [0.11074556 0.39525637 0.08150376]]

e= [[2 2 1]

　 [2 2 1]]

由此可见 a 是全 0 数组，b 是全 1 数组，c 是空数组(empty)，c 的值是随机的，d 的值是(0, 1)之间的随机数，e 是元素值在[1, 3)范围的整数，每次运行程序时 c、d、e 数组值不同。

4. 创建序列值数组

(1) arange 创建数组。

在 Python 中我们经常使用 range(start:end:step)产生一个序列，它的含义是从 start 开始(包含 start)，到 end 为止(不包含 end)，按步长 step 产生一个序列，例如 range(1:5:1)产生序列[1, 2, 3, 4]，而 range(1:5:2)产生序列[1, 3]。如果不写 step 就默认 step=1，例如 range(1:5)等价于 range(1:5:1)。如果只有一个参数，例如 range(n)，那么就产生[0, 1, …, n−1]的序列。

NumPy 可以采用与 range 类似的方法产生数组，具体方法是：

```
numpy.arange(start, end, step, dtype)
```

这样就可得到一个 range(start:end:step)序列值的一维数组，规则与 range 的类似，而 dtype 是元素类型。

例 4-1-5　arange 创建序列值数组。

程序如下：

```
import numpy as np
a=np.arange(1, 5)
print("a=", a)
b=np.arange(5, dtype=np.float)
print("b=", b)
```

程序执行结果：

```
a=[1 2 3 4]
b= [0. 1. 2. 3. 4.]
```

其中 a 数组被确定为整数类型，而 b 数组是浮点数类型。

(2) linspace 创建数组。

在实际应用中往往给定一个区间(start, end)，要将这个区间平均分成 n 等分形成一个数组，可以使用 numpy.linspace 方法，规则是：

```
numpy.linspace(start, end, n, endpoint)
```

其中对(start, end)区间平分 n 等分，默认 endpoint=True 表示包含 end 值，如果 endpoint=False 就不包含 end 值。

例 4-1-6　linspace 创建序列值数组。

程序如下：

```
import numpy as np
a=np.linspace(1, 3, 5)
print("a=", a)
b=np.linspace(1, 3, 5, endpoint=False)
print("b=", b)
```

执特结果如下：

```
a= [1.   1.5   2.   2.5   3. ]
b= [1.    1.4   1.8   2.2   2.6]
```

这两个数组都把区间(1, 3)分成 5 等份，a 数组包含最大值 3，但是 b 数组不包含 3。

5. 改变数组形状

一个数组的形状由它的 shape 确定，在实际应用中可以改变它的形状，方法是：

    numpy.shape(m, n, ...)

其中 m、n 等参数规定了数组新的形状维数值，改变形状时要保证原来数组的总数组元素不改变。

例 4-1-7　改变数组形状。

程序如下：

```
import numpy as np
a=np.arange(12)
print("a=", a)
b=a.reshape(3, 4)
print("b=", b)
c=b.reshape(4, 3)
print("c=", c)
d=c.reshape(2, 3, 2)
print("d=", d)
```

执行结果如下：

```
a= [ 0  1  2  3  4  5  6  7  8  9 10 11]
b= [[ 0  1  2  3]
 [ 4  5  6  7]
 [ 8  9 10 11]]
c= [[ 0  1  2]
 [ 3  4  5]
 [ 6  7  8]
 [ 9 10 11]]
d= [[[ 0  1]
  [ 2  3]
  [ 4  5]]

 [[ 6  7]
  [ 8  9]
  [10 11]]]
```

开始时 a 是一个有 12 个元素的一维数组，b=a.reshape(3, 4)后 b 是一个 3 行 4 列的二维数组，而 c=b.reshape(4, 3)后 c 是一个 4 行 3 列的二维数组，d=c.reshape(2, 3, 2)后 d 是一个三维数组，但是无论如何四个数组的总元素都是 12 个没有改变。如果 e=c.reshape(2, 3, 3)就错误了，因为这个 e 数组有 18 个元素。

在改变形状时有时候需要拉伸数组使得它成为一个一维数组，可以使用 numpy.ravel()方法。

例 4-1-8　拉伸数组。

程序如下：

```
import numpy as np
a=np.arange(6)
print("a=", a)
b=a.reshape(2, 3)
print("b=", b)
c=b.ravel()
print("c=", c)
```

执行结果如下：

```
a= [0 1 2 3 4 5]
b= [[0 1 2]
 [3 4 5]]
c= [0 1 2 3 4 5]
```

结果 b.ravel()把 b 数组又拉回到一维数组。

6. 改变数组类型

一个数组的类型使用 numpy.astype(dtype)来改变，其中 dtype 是要改变的新类型。

例 4-1-9　数组类型。

程序如下：

```
import numpy as np
a=np.array([1, 2, 3], np.int)
print(a.dtype)
print("a=", a)
a=a.astype(np.float)
print(a.dtype)
print("a=", a)
```

执行结果如下：

```
int32
a= [1 2 3]
float64
a= [1. 2. 3.]
```

开始 a 是整数类型的数组，后面使用 a.astype(np.float)把它改成浮点数类型。

7. 数组的切片

数组的切片就是从数组中取出一部分元素来，一维数组的切片与字符串切片非常相似，不再赘述，我们重点介绍二维数组的切片。为了方便，假设数组 a 是 shape=(3, 4)的数组如下：

```
[[0  1  2  3]
 [4  5  6  7]
```

[8 9 10 11]]

数组切片一般可以表示成 a[sliceX, sliceY]，其中 sliceX、sliceY 分别是行列切片，有下列规则：

(1) sliceX 或者 sliceY 是单一数值，取数组的一个元素，例如 a[0, 2]是 2，取第一行第三列元素。

(2) sliceX 或者 sliceY 如果为":"的格式，是指整行或者整列，例如 a[:, 1]是第一列全部[1, 5, 9]，a[2, :]是第三行全部[8, 9, 10, 11]，而 a[:, :]就是 a 自己。

(3) sliceX 或者 sliceY 为 start:end:step 的序列格式，是按这个序列取指定的行或者列，例如 a[1:3, 2]是第一、二行与第 3 列的元素，即 a[1, 2]=6, a[2, 2]=10 两个元素。

(4) sliceX 或者 sliceY 有一个是列表，取列表中规定的行或者列，例如 a[[0, 2], 1]是元素 a[0, 1]=1, a[2, 1]=9 两个元素。a[[0, 2], :]是第一行[0, 1, 2, 3]与最后一行[8, 9, 10, 11]。

(5) 如果 sliceX 与 sliceY 都是列表，那么要求它们两个长度要一样，取两个列表对应元素确定的数组元素，例如 a[[0, 2], [1, 3]]是元素 a[0, 1]与 a[2, 3]两个元素，注意不是 a[0, 1]、a[0, 3]、a[2, 1]、a[2, 3]的四个元素。

例 4-1-10 数组的切片。

程序如下：

```
import numpy as np
a=np.arange(12).reshape(3, 4)
print(a)
print("a[0, 2]=", a[0, 2])
print("a[:, 1]=", a[:, 1])
print("a[2, :]=", a[2, :])
print("a[1:3, 2]=", a[1:3, 2])
print("a[[0, 2], 1]=", a[[0, 2], 1])
print("a[[0, 2], :]=", a[[0, 2], :])
print("a[[0, 2], [1, 3]]=", a[[0, 2], [1, 3]])
```

执行结果如下：

```
[[ 0   1   2   3]
 [ 4   5   6   7]
 [ 8   9 10 11]]
a[0, 2]= 2
a[:, 1]= [1 5 9]
a[2, :]= [ 8   9 10 11]
a[1:3, 2]= [ 6 10]
a[[0, 2], 1]= [1 9]
a[[0, 2], :]= [[ 0   1   2   3]
 [ 8   9 10 11]]
a[[0, 2], [1, 3]]= [ 1   11]
```

注意：a[[0, 2], [1, 3]]= [1　　11]，不是 a[0, 1]、a[0, 3]、a[2, 1]、a[2, 3]的四个元素组成的 2*2 子数组，如果要取出这样的子数组，可以分两步完成。

例 4-1-11　列表指定行列的子数组。

程序如下：

```
import numpy as np
a=np.arange(12).reshape(3, 4)
print(a)
b=a[[0, 2], :]
b=b[:, [1, 3]]
print(b)
b=a[:, [1, 3]]
b=b[[0, 2], :]
print(b)
```

执行结果如下：

```
[[ 0  1  2  3]
 [ 4  5  6  7]
 [ 8  9 10 11]]
[[ 1  3]
 [ 9 11]]
[[ 1  3]
 [ 9 11]]
```

由此可见，可以先取出 b=a[[0, 2], :]两行再 b=b[:, [1, 3]]取两列，也可以先 b=a[:, [1, 3]]取两列再 b=b[[0, 2], :]取两行。

8. 数组数据修改

我们可以把一个相同形状的子数组赋值给数组的一个切片，修改这个切片的元素数据。

例 4-1-12　数组数据修改。

程序如下：

```
import numpy as np
a=np.arange(12).reshape(3, 4)
print("a=", a)
b=np.arange(-1, -4, -1)
print("b=", b)
a[:, 0]=b
a[2, 3]=-a[2, 3]
print("a=", a)
```

执特结果如下：

```
a= [[ 0  1  2  3]
 [ 4  5  6  7]
```

      [8 9 10 11]]

b= [-1 -2 -3]

a= [[-1   1   2   3]

   [-2   5   6   7]

   [-3   9 10 -11]]

9. 增加行列数据

我们重点介绍二维数组，设 a 是一个 shape(m, n)的数组，b 是一个要追加数据的数组。

(1) 如果 b 是 shape(k, n)形状，那么 c=numpy.append(a, b, axis=0)表示在行方向追加，b 的 k 行追加到 a 的行后面，c 是一个 shape(m+k, n)的数组。

(2) 如果 b 是 shape(m, k)形状，那么 c=numpy.append(a, b, axis=1)表示在列方向追加，b 的 k 列追加到 a 的列后面，c 是一个 shape(m, n+k)的数组。

例 4-1-13 增加行列数据。

程序如下：

```
import numpy as np
a=np.arange(6).reshape(2, 3)
print("a=", a)
b=np.arange(-1, -10, -1).reshape(3, 3)
print("b=", b)
c=np.arange(-1, -5, -1).reshape(2, 2)
print("c=", c)
d=np.append(a, b, axis=0)
print("d=", d)
e=np.append(a, c, axis=1)
print("e=", e)
```

执行结果如下：

a= [[0 1 2]

 [3 4 5]]

b= [[-1 -2 -3]

 [-4 -5 -6]

 [-7 -8 -9]]

c= [[-1 -2]

 [-3 -4]]

d= [[0   1   2]

 [3   4   5]

 [-1 -2 -3]

 [-4 -5 -6]

 [-7 -8 -9]]

```
e= [[ 0   1   2 -1 -2]
   [ 3   4   5 -3 -4]]
```

由此可见 b 按行方向追加到 a 的行后面，c 按列方向追加到 a 的列后面。

10. 删除行列数据

如果 a 是一个二维数组，删除行列数据规则如下：

(1) numpy.delete(a, slice, axis=0)按行删除 slice 切片出的元素；

(2) numpy.delete(a, slice, axis=1)按列删除 slice 切片出的元素。

例 4-1-14 删除行列数据。

程序如下：

```
import numpy as np
a=np.arange(12).reshape(3, 4)
print("a=", a)
b=np.delete(a, [0, 2], axis=0)
print("b=", b)
c=np.delete(a, 2, axis=1)
print("c=", c)
```

执行结果如下：

```
a= [[ 0   1   2   3]
   [ 4   5   6   7]
   [ 8   9 10 11]]
b= [[4 5 6 7]]
c= [[ 0   1   3]
   [ 4   5   7]
   [ 8   9 11]]
```

其中 b=np.delete(a, [0, 2], axis=0)是删除序号为 0、2 的行，而 c=np.delete(a, 2, axis=1)是删除序号为 2 的列。

4.1.3　NumPy 数值计算

NumPy 是非常适合科学计算的数组，定义了很多常用的计算，下面我们介绍部分主要的计算。

1. 一个常数与数组进行四则运算

一个常数与数组进行四则运算，结果是数组的每个元素与该常数进行四则运算。

例 4-1-15 常数与数组进行四则运算。

程序如下：

```
import numpy as np
a=np.arange(6).reshape(2, 3)
print("a=", a)
```

```
print("a+2=", a+2)
print("a-2=", a-2)
print("a*2=", a*2)
print("a/2=", a/2)
```

执行结果如下：

```
a= [[0 1 2]
 [3 4 5]]
a+2= [[2 3 4]
 [5 6 7]]
a-2= [[-2 -1  0]
 [ 1  2  3]]
a*2= [[ 0  2  4]
 [ 6  8 10]]
a/2= [[0.  0.5 1. ]
 [1.5 2.  2.5]]
```

例 4-1-16 常数与数组进行四则运算。

程序如下：

```
import numpy as np
a=np.arange(1, 7).reshape(2, 3)
print("a=", a)
print("a+2=", 2+a)
print("a-2=", 2-a)
print("a*2=", 2*a)
print("2/a=", 2/a)
```

执行结果如下：

```
a= [[1 2 3]
 [4 5 6]]
a+2= [[3 4 5]
 [6 7 8]]
a-2= [[ 1  0 -1]
 [-2 -3 -4]]
a*2= [[ 2  4  6]
 [ 8 10 12]]
a/2= [[2.          1.          0.66666667]
 [0.5         0.4         0.33333333]]
```

2. 两个相同形状的数组进行四则运算

两个相同形状的数组 a 与 b 进行四则运算，结果是数组的每个元素与对应元素四则运算。

例 4-1-17   两个数组进行四则运算。

程序如下：

```
import numpy as np
a=np.arange(1, 7).reshape(2, 3)
b=np.arange(-1, -7, -1).reshape(2, 3)
print("a=", a)
print("b=", b)
print("a+b=", a+b)
print("a-b=", a-b)
print("a*b=", a*b)
print("a/b=", a/b)
```

执行结果如下：

```
a= [[1 2 3]
   [4 5 6]]
b= [[-1 -2 -3]
   [-4 -5 -6]]
a+b= [[0 0 0]
     [0 0 0]]
a-b= [[ 2   4   6]
     [ 8 10 12]]
a*b= [[ -1   -4   -9]
     [-16 -25 -36]]
a/b= [[-1. -1. -1.]
     [-1. -1. -1.]]
```

3. 数组的函数运算

NumPy 中定义了很多函数可以对每个数组元素进行相应的函数运算，一般规则是 b=numpy.fun(a)，其中 fun 是定义的一个函数。

例 4-1-18   数组元素开平方运算。

程序如下：

```
import numpy as np
a=np.arange(6).reshape(2, 3)
print("a=", a)
b=np.sqrt(a)
print("b=", b)
```

执行结果如下：

```
a= [[0 1 2]
   [3 4 5]]
```

b= [[0.   1.   1.41421356]

  [1.73205081 2.   2.23606798]]

例 4-1-19　数组元素 sin 函数运算。

程序如下：

```
import numpy as np
a=np.arange(6).reshape(2, 3)
print("a=", a)
b=np.sin(a)
print("b=", b)
```

执行结果如下：

a= [[0 1 2]

 [3 4 5]]

b= [[0.   0.84147098   0.90929743]

 [0.14112001 -0.7568025   -0.95892427]]

注意：sin 等三角函数运算使用的是弧度。

4. 数组的比较运算

我们可以进行数组与数的比较，两个数组的比较。

例 4-1-20　数组元素大于 3 的数。

程序如下：

```
import numpy as np
a=np.arange(6).reshape(2, 3)
print("a=", a)
b=(a>3)
print("b=", b)
```

执行结果如下：

a= [[0 1 2]

 [3 4 5]]

b= [[False False False]

 [False   True   True]]

由此可见，数组的比较运算会返回一个相同形状的 bool 值数组。

例 4-1-21　两个数组比较。

程序如下：

```
import numpy as np
a=np.random.random((2, 3))
print("a=", a)
b=np.random.random((2, 3))
print("b=", b)
```

```
c=(a>b)
print("c=", c)
```

执行结果如下：

```
a= [[0.86394895 0.52834233 0.84705612]
 [0.75830794 0.21805274 0.40384767]]
b= [[0.41344879 0.44847113 0.88222757]
 [0.101448    0.37231551 0.11697077]]
c= [[ True    True False]
 [ True False    True]]
```

5. 两个数组是否完全相同

如果 a 与 b 是两个形状完全相同的数组，那么 c=(a==b)结果是一个同形状的 bool 值数组，如果 c 的所有值都是 True，那么使用 c.all()就返回 True，因此可以使用(a==b).all()比较两个数组是否完全相同。

例 4-1-22　数组是否完全相同。

程序如下：

```
import numpy as np
a=np.arange(6).reshape(2, 3)
b=np.arange(6).reshape(2, 3)
print((a==b))
print((a==b).all())
```

执行结果如下：

```
[[ True    True    True]
 [ True    True    True]]
True
```

6. 数组的空值 nan

NumPy 中有一种特殊的值 np.nan，它是一个空值，类似数据库中的 Null，在实际应用中常常要找出空值的元素，可以使用 numpy.isnan 函数。

例 4-1-23　数组的 np.nan 值。

程序如下：

```
import numpy as np
a=np.arange(6).reshape(2, 3)
a=a.astype(np.float)
a[0, 0]=np.nan
a[1, 1]=np.nan
print(a)
print(np.isnan(a))
```

执行结果如下：

```
[[nan  1.  2.]
 [ 3. nan  5.]]
[[ True False False]
 [False  True False]]
```

由此可见空值元素被标志为 True。

例 4-1-24 替换数组的 np.nan 值。

程序如下：

```
import numpy as np
a=np.arange(6).reshape(2, 3)
a=a.astype(np.float)
a[0, 0]=np.nan
a[1, 1]=np.nan
print(a)
b=np.isnan(a)
print("b=", b)
a[b]=0
print("a=", a)
```

执行结果如下：

```
[[nan 1.  2.]
 [ 3. nan  5.]]
b= [[ True False False]
 [False  True False]]
a= [[0. 1. 2.]
 [3. 0. 5.]]
```

由此可见，通过 a[b]=0 把 a 的空值替换成了 0。

7. 数组统计计算

NumPy 定义了对数组的最大值(max)、最小值(min)、平均值(mean)、总和值(sum)等的统计计算。如果 a 是一个 shape(m, n)的二维数组，以平均值(mean)为例，规则如下：

(1) numpy.mean(a, axis=0)是对所有行的元素进行平均值计算，结果是一个有 n 个元素的数组，每个元素对应一列的平均值；

(2) numpy.mean(a, axis=1)是对所有列的元素进行平均值计算，结果是一个有 m 个元素的数组，每个元素对应一行的平均值。

例 4-1-25 数组的 max、min、mean、sum 值。

程序如下：

```
import numpy as np
a=np.arange(6).reshape(2, 3)
```

```
print(a)
print("axis=0, max=", np.max(a, axis=0))
print("axis=1, max=", np.max(a, axis=1))
print("axis=0, min=", np.min(a, axis=0))
print("axis=1, min=", np.min(a, axis=1))
print("axis=0, mean=", np.mean(a, axis=0))
print("axis=1, mean=", np.mean(a, axis=1))
print("axis=0, sum=", np.sum(a, axis=0))
print("axis=1, sum=", np.sum(a, axis=1))
```

执行结果如下：

```
[[0 1 2]
 [3 4 5]]
axis=0, max= [3 4 5]
axis=1, max= [2 5]
axis=0, min= [0 1 2]
axia=1, min= [0 3]
axis=0, mean= [1.5 2.5 3.5]
axia=1, mean= [1. 4.]
axis=0, sum= [3 5 7]
axia=1, sum= [ 3 12]
```

例如 np.sum(a, axis=1)是沿列方向进行的 0+1+2=3、3+4+5=12，因此结果是[3 12]。

8. 数组数据排序

如果 a 是一个 shape(m, n)的二维数组，排序规则如下：

(1) numpy.sort(a, axis=0)是固定任何一列，对所有行的元素进行排序；

(2) numpy.sort(a, axis=1)是固定任何一行，对所有列的元素进行排序。

例 4-1-26　数组排序。

程序如下：

```
import numpy as np
a=np.array([[1, -1, 1, 0], [0, 1, 5, 2], [2, 5, -1, -3]])
print(a)
b=np.sort(a, axis=0)
print("axis=0 sort")
print(b)
b=np.sort(a, axis=1)
print("axis=1 sort")
print(b)
```

执行结果如下：

```
[[ 1 -1   1   0]
 [ 0   1   5   2]
 [ 2   5 -1 -3]]
axis=0 sort
[[ 0 -1 -1 -3]
 [ 1   1   1   0]
 [ 2   5   5   2]]
axis=1 sort
[[-1   0   1   1]
 [ 0   1   2   5]
 [-3 -1   2   5]]
```

9. 数组与 CSV 文件

一般很多数据都以 CSV 的格式存储在文件中，数据之间用逗号分开，例如 data.csv 数据如下：

1, 2, 3

4, 5, 6

这个文件有 2 行，每行 3 列数据，可以使用 numpy.loadtext 函数读取这些数据，使用 numpy.savetxt 保存数据。

例 4-1-27 保存与读取 csv 数据。

程序如下：

```
import numpy as np
a=np.arange(6).reshape(2, 3)
print("a=", a)
np.savetxt("data.csv", a, delimiter=", ")
b=np.loadtxt("data.csv", delimiter=", ", dtype=np.int)
print("b=", b)
```

执行结果如下：

a= [[0 1 2]

 [3 4 5]]

b= [[0 1 2]

 [3 4 5]]

通过 np.savetxt("data.csv", a, delimiter=", ")把 a 数组保存到 data.csv 文件，然后再通过 b=np.loadtxt("data.csv", delimiter=", ", dtype=np.int)把文件的数据读到数组 b，可以看出 b 与 a 一样。

10. NumPy 解线性方程

在实际应用中常常要解方程组，使用 NumPy 很容易求方程组的解，NumPy 中有一个 numpy.linalg 线性代数模块，使用 numpy.linalg.solve(A, B)可以求方程 AX=B 的解，其中 A

是方程的系数矩阵，B 是常数矩阵。

例 4-1-28　NumPy 解方程组。

设有下列方程组：

$x+y+z=6$

$y+5z=-3$

$2x+5y-z=27$

它的系数矩阵 A 与常数矩阵 B 是 A=np.array([[1, 1, 1], [0, 1, 5], [2, 5, -1]])，B=np.array([[6], [3], [27]])，方程的解是 X=numpy.linalg.solve(A, B)。程序如下：

```
import numpy as np
A=np.array([[1, 1, 1], [0, 1, 5], [2, 5, -1]])
B=np.array([[6], [3], [27]])
X=np.linalg.solve(A, B)
print(X)
```

执行结果如下：

[[1.66666667]

 [4.66666667]

 [-0.33333333]]

即 x=1.66666667、y=4.66666667、z=-0.33333333

任务 4.2　Pandas 数据分析包

4.2.1　Pandas 安装

Pandas 是一个强大的分析结构化数据的工具集；它的使用基础是 NumPy，主要包含一维的数据列 Series 与二维的数据表 DataFrame，常常在数据分析中使用。

要使用 Pandas 就必须先安装，安装命令如下：

```
pip install pandas
```

安装成功后就可以引用了，例如：

```
import pandas
```

由于程序中经常要用到 Pandas，建议使用下列的引用：

```
import pandas as pd
```

这样就在引用时把 Pandas 改成简单的名称 pd，使用起来会更加方便。

4.2.2　Series 结构及操作

1. Series 的创建

Series 是一个一维的数据列，它类似 Python 的列表或者 NumPy 的一维数组，但是不同的是它的每个元素都有一个索引键值。我们可以使用 Python 列表或者 NumPy 一维数组创建它。

例 4-2-1 Series 的创建。

程序如下：

```
import pandas as pd
import numpy as np
s=pd.Series(['A', 'B', 'C'])
print(s)
t=pd.Series(np.array(['A', 'B', 'C']))
print(t)
```

执行结果如下：

```
0    A
1    B
2    C
dtype: object
0    A
1    B
2    C
dtype: object
```

从结果看到使用 Python 列表与 NumPy 的数组创建的 Series 数据列 s 与 t 是一样的，但是显示 s 和 t 时左边有 0、1、2 的数据，这个就是 Series 的索引键值 index。实际上在创建 Series 时可以同时指定它的 index，如果不指定那么 index 就是 0 开始的整数序列。

例 4-2-2 创建 Series 数据列，并指定 index。

程序如下：

```
import pandas as pd
s=pd.Series(['A', 'B', 'C'])
print(s)
t=pd.Series(['A', 'B', 'C'], index=['x', 'y', 'z'])
print(t)
```

执行结果如下：

```
0    A
1    B
2    C
dtype: object
x    A
y    B
z    C
dtype: object
```

这个示例中我们没有指定 s 的 index，因此默认 index=[0, 1, 2]，而指定了 t 的 index=['x', 'y', 'z']。

2. Series 元素定位

Series 与一般的一维列表有什么不同呢？实际上最大的不同就是 Series 有一个 index，index 最大的好处是通过它可以快速定位 Series 的元素。一般列表通过元素的下标定位元素，例如 a=['A', 'B', 'C']，a[0]是元素'A'、a[1]是元素'B'，但是对于 Series 的 s= =pd.Series(['A', 'B', 'C'], index=['x', 'y', 'z'])，不但可以通过元素下标定位，还可以通过 index 键值定位，例如 s[0]、s['x']都是元素'A'，s[0]是通过下标定位的，s['x']是通过键值定位的。

例 4-2-3　通过下标与 index 定位 Series 元素。

程序如下：

```
import pandas as pd
s=pd.Series(['A', 'B', 'C'], index=['x', 'y', 'z'])
print(s[0], ", ", s['x'])
print(s[1], ", ", s['y'])
print(s[2], ", ", s['z'])
```

执行结果如下：

```
A, A
B, B
C, C
```

在实际应用中 s[0]可以被解释为是下标为 0 的下标定位，也可以被解释为是键值为 0 的 index 定位，为了避免这种混淆，一般使用 s.iloc[0]表示下标定位，使用 s.loc[0]表示 index 定位。

例 4-2-4　使用 iloc 与 loc 定位。

程序如下：

```
import pandas as pd
s=pd.Series(['A', 'B', 'C'], index=[1, 0, 2])
print(s)
print(s.iloc[0], ", ", s.loc[0])
print(s.iloc[1], ", ", s.loc[1])
print(s.iloc[2], ", ", s.loc[2])
```

执行结果如下：

```
1    A
0    B
2    C
dtype: object
A, B
B, A
C, C
```

这个 Series 的 index=[1, 0, 2]，使用 s.iloc[0]就是只下标为 0 的元素，即'A'，但是 s.loc[0] 是指 index=0 的元素，即'B'，因此 s.iloc[0]与 s.loc[0]是不同的。

3. Series 的 index

如果 s 一个 Series 对象，那么使用 s.index 来获取或者设置它的 index 值，注意要保证 index 的长度与 s 的数据长度一致，index 可以是任意的整数、字符串等有序数据。

例 4-2-5　显示 Series 的 index。

程序如下：

```
import pandas as pd
s = pd.Series(['A', 'B', 'C'])
print(s.index)
t=pd.Series(['A', 'B', 'C'], index=['x', 'y', 'z'])
print(t.index)
```

执行结果如下：

```
RangeIndex(start=0, stop=3, step=1)
Index(['x', 'y', 'z'], dtype='object')
```

显然 s.index 是一个 range(0, 3, 1)的序列，而 t.index 是一个['x', 'y', 'z']的序列。

例 4-2-6　改变 Series 的 index。

程序如下：

```
import pandas as pd
s = pd.Series(['A', 'B', 'C'])
print(s.index)
s.index=['x', 'y', 'z']
print(s.index)
```

执行结果如下：

```
RangeIndex(start=0, stop=3, step=1)
Index(['x', 'y', 'z'], dtype='object')
```

开始时 s.index 是 range(0, 3, 1)的序列，后面改成['x', 'y', 'z']的序列。

4. Series 增加元素

如果 s 是一个 Series，key 是一个没有在 s.index 中出现过的键值，那么通过 s.loc[key]=value 可以增加一个 index 为 key 的元素，元素值为 value。如果 key 已经在 s.index 中出现过，那么就修改原来的值。

例 4-2-7　增加 Series 的元素。

程序如下：

```
import pandas as pd
s=pd.Series(['A', 'B', 'C'], index=['x', 'y', 'z'])
print(s)
```

```
s.loc['p']='D'
print(s)
```

结果显示 s 增加了 s['p]元素：

```
x    A
y    B
z    C
dtype: object
x    A
y    B
z    C
p    D
dtype: object
```

5．Series 删除元素

如果 s 是一个 Series，key 是一个在 s.index 中出现过的键值，那么通过 s.drop(key, inplace=True)可以删除 index 为 key 的元素。

例 4-2-8　删除 Series 的元素。

程序如下：

```
import pandas as pd
s=pd.Series(['A', 'B', 'C'], index=['x', 'y', 'z'])
print(s)
s.drop('y', inplace=True)
print(s)
```

结果显示 s['y']被删除：

```
x    A
y    B
z    C
dtype: object
x    A
z    C
dtype: object
```

其中 inplace=True 表示对 s 进行删除，如果 inplace=False，那么删除时创建一个新的 Series 副本，原来的 Series 没有改变。

例 4-2-9　inplace 对删除的影响。

程序如下：

```
import pandas as pd
s=pd.Series(['A', 'B', 'C'], index=['x', 'y', 'z'])
print("原始:")
```

```
print(s)
t=s.drop('y', inplace=False)
print("s=")
print(s)
print("t=")
print(t)
```

执行结果如下：

原始：

x   A

y   B

z   C

dtype: object

s=

x   A

y   B

z   C

dtype: object

t=

x   A

z   C

dtype: object

显然 t=s.drop('y', inplace=False)没有真正在 s 中删除 s['y']，而是创建了一个删除 s['y'] 的 Series 即 t，原来的 s 不变。

6. Series 下标切片

Series 切片就是获取该序列的一个子序列，类似字符串的切片，一般可以使用下标或者 index 进行切片。

使用下标切片的规则是 s.iloc[slice]，其中 slice 是一个切片，通常的格式是 start:end:step，而且 start、end、step 中部分可以省略，规则与 range(start, end, step)类似。另外也可以使用一个下标列表获取分散的元素。

例 4-2-10　Series 进行下标切片。

程序如下：

```
import pandas as pd
s=pd.Series(['A', 'B', 'C', 'D', 'E'], index=list('abcde'))
print(s.iloc[:])
print(s.iloc[1:])
print(s.iloc[:4])
print(s.iloc[1:4])
```

```
print(s.iloc[1:4:2])
print(s.iloc[[0, 2, 3]])
```

执行结果如下：

```
a    A
b    B
c    C
d    D
e    E
dtype: object
b    B
c    C
d    D
e    E
dtype: object
a    A
b    B
c    C
d    D
dtype: object
b    B
c    C
d    D
dtype: object
b    B
d    D
dtype: object
a    A
c    C
d    D
dtype: object
```

注意：s.iloc[[0, 2, 3]]得到的是[0]、[2]、[3]位置的元素，不能写成 s.iloc[0, 2, 3]。

7. Series 键值切片

使用 index 切片的规则是 s.loc[slice]，其中 slice 是一个 index 切片，通常的格式是 startIndex:endIndex，而且 startIndex、endIndex 分别是开始与结束的 index 值，与下标切片不同的是切片结果包含 endIndex 的元素。另外也可以使用一个 index 部分值的列表获取分散的元素。

例 4-2-11 Series 进行 index 切片。

程序如下：

```
import pandas as pd
s=pd.Series(['A', 'B', 'C', 'D', 'E'], index=list('abcde'))
print(s.loc[:])
print(s.loc['b':])
print(s.loc[:'c'])
print(s.loc['b':'c'])
print(s.loc[['b', 'd', 'e']])
```

执行结果如下：

```
a    A
b    B
c    C
d    D
e    E
dtype: object
b    B
c    C
d    D
e    E
dtype: object
a    A
b    B
c    C
dtype: object
b    B
c    C
dtype: object
b    B
d    D
e    E
dtype: object
```

8. Series 算术运算

很多情况下 Series 元素是数值类型的，这些数值是可以进行计算的。如果 s, t 是两个有相同 index 的 Series，那么可以进行 s 与 t 的四则混合运算，结果是对应的元素进行四则混合运算。

例 4-2-12 Series 四则混合运算。

程序如下：

```
import pandas as pd
s=pd.Series([1, 2], index=['a', 'b'])
```

```
t=pd.Series([3, 4], index=['a', 'b'])
print("s=\n", s)
print("t=\n", t)
print("s+t=\n", s+t)
print("s-t=\n", s-t)
print("s*t=\n", s*t)
print("s/t=\n", s/t)
```

执行结果如下：

```
s=
 a    1
 b    2
dtype: int64
t=
 a    3
 b    4
dtype: int64
s+t=
 a    4
 b    6
dtype: int64
s-t=
 a    -2
 b    -2
dtype: int64
s*t=
 a    3
 b    8
dtype: int64
s/t=
 a    0.333333
 b    0.500000
dtype: float64
```

9. Series 比较运算

如果 s、t 是两个有相同 index 的 Series，那么可以进行 s 与 t 的比较运算，结果是对应的元素进行比较，得到一个 bool 类型的 Series。

例 4-2-13 Series 比较运算。

程序如下：

```
import pandas as pd
s=pd.Series([3, 6], index=['a', 'b'])
t=pd.Series([3, 4], index=['a', 'b'])
print("s=\n", s)
print("t=\n", t)
print("s==t\n", s==t)
print("s>t\n", s>t)
```

执行结果如下：

```
s=
 a    3
 b    6
dtype: int64
t=
 a    3
 b    4
dtype: int64
s==t
 a     True
 b    False
dtype: bool
s>t
 a    False
 b     True
dtype: bool
```

4.2.3 DataFrame 结构及基本操作

1. DataFrame 结构

DataFrame 是一张二维的数据表，类似数据库中的数据表，有很多行，每行有很多列，每列有一个名称 column，每行一个序号或者 index。例如学生名单就是一张典型的二维数据表，如表 4-1 所示。

表 4-1　学生名单表

序号	Name	Sex	Age
0	A	M	20
1	B	F	21
2	C	F	22
3	D	M	23

其中，标题有三个 columns=["Name", "Sex", "Age"]，有 4 行数据，每行数据都有一个序号，序号默认是 0 开始的整数序列，这个表的数据结构就是 DataFrame。

例 4-2-14　列表创建学生名单的 DateFrame。

我们把表格的每一行数据看成一个字典元素，例如第一行看成字典元素：

　　　{"Name":"A", "Sex":"M", "Age":20}

那么一共有 4 个字典元素，它们组成一个列表，DataFrame 可以用这个列表创建。程序如下：

```
import pandas as pd
d=pd.DataFrame([{"Name":"A", "Sex":"M", "Age":20},
               {"Name":"B", "Sex":"F", "Age":21},
               {"Name":"C", "Sex":"F", "Age":22},
               {"Name": "D", "Sex": "F", "Age": 23}])
print(d)
```

执行结果如下：

```
   Age  Name  Sex
0   20    A    M
1   21    B    F
2   22    C    F
3   23    D    F
```

输出的结果中列的顺序有点变化，这不影响 DataFrame 的结构。显示在左边的[0, 1, 2, 3]实际上就是 DataFrame 的 index，即 DataFrame 与 Series 一样，每个行都有一个 index 值，如果不指定 index，那么默认是 0 开始的整数序列。

例 4-2-15　字典创建学生名单的 DateFrame。

我们把表格的每一列数据看成一个由列名与数据组成的字典元素，例如 Name 列看成字典元素：

　　　"Name":["A", "B", "C", "D"]

那么一共有 3 个字典元素，它们组成一个字典，DataFrame 可以用这个字典创建。程序如下：

```
import pandas as pd
d=pd.DataFrame({"Name":["A", "B", "C", "D"],
                "Sex":["M", "F", "F", "M"],
                "Age":[20, 21, 22, 23] })
print(d)
```

执行结果如下：

```
   Name  Sex  Age
0    A    M   20
1    B    F   21
```

```
2    C    F    22
3    D    M    23
```

这个方法同样可以得到学生表的 DataFrame。

2. DataFrame 的 index

DateFrame 与 Series 类似，在创建时可以人为指定 index，如果不指定 index 就是 0 开始的整数序列。

例 4-2-16　创建 DateFrame 并设置 index。

我们改造例 4-2-14，创建 DataFrame 时指定 index。程序如下：

```
import pandas as pd
d=pd.DataFrame([{"Name":"A", "Sex":"M", "Age":20},
                {"Name":"B", "Sex":"F", "Age":21},
                {"Name":"C", "Sex":"F", "Age":22},
                {"Name": "D", "Sex": "F", "Age": 23}], index=['a', 'b', 'c', 'd'])
print(d)
print(d.index)
```

执行结果如下：

```
     Age   Name   Sex
a    20    A      M
b    21    B      F
c    22    C      F
d    23    D      F
Index(['a', 'b', 'c', 'd'], dtype='object')
```

由此可见，这个 DataFrame 的 index 变成['a', 'b', 'c', 'd']序列。同样改造例 4-2-15，指定 index。程序代码变成：

```
import pandas as pd
d=pd.DataFrame({"Name":["A", "B", "C", "D"],
                "Sex":["M", "F", "F", "M"],
                "Age":[20, 21, 22, 23] }, index=['a', 'b', 'c', 'd'])
print(d)
print(d.index)
```

执行结果如下：

```
     Name   Sex   Age
a    A      M     20
b    B      F     21
c    C      F     22
d    D      M     23
Index(['a', 'b', 'c', 'd'], dtype='object')
```

3. DataFrame 的 columns

DataFrame 数据各个列的名称组成它的 columns 列表。

例 4-2-17　显示 DateFrame 的 columns。

程序如下：

```
import pandas as pd
d=pd.DataFrame({"Name":["A", "B", "C", "D"],
                "Sex":["M", "F", "F", "M"],
                "Age":[20, 21, 22, 23] }, index=['a', 'b', 'c', 'd'])
print(d)
print(d.columns)
```

执行结果如下：

```
    Name  Sex  Age
a    A     M    20
b    B     F    21
c    C     F    22
d    D     M    23
Index(['Name', 'Sex', 'Age'], dtype='object')
```

实际上在创建 DataFrame 时不但可以设置它的 index，还可以设置它的 colums。只不过在前面的示例中数据已经包含了 columns 的信息，没有必要再设置 columns 了，如果数据没有这样的信息，创建 DataFrame 就有必要设置 columns，例如数据：

```
A, M, 20
B, F, 21
C, F, 22
D, M, 23
```

例 4-2-18　创建 DateFrame 并设置 columns。

程序如下：

```
import pandas as pd
d=pd.DataFrame([["A", "M", 20], ["B", "F", 21], ["C", "F", 22], ["D", "M", 23]],
                columns=["Name", "Sex", "Age"])
print(d)
print(d.columns)
```

执行结果如下：

```
    Name  Sex  Age
0    A     M    20
1    B     F    21
2    C     F    22
3    D     M    23
Index(['Name', 'Sex', 'Age'], dtype='object')
```

由此可见，这个 DataFrame 的 columns 设置成['Name', 'Sex', 'Age']。

如果不设置 columns，那么 columns 也是 0 开始的整数序列，例如下面程序创建的 DataFrame：

```
import pandas as pd
d=pd.DataFrame([["A", "M", 20], ["B", "F", 21], ["C", "F", 22], ["D", "M", 23]])
print(d)
print(d.columns)
```

执行结果如下：

```
   0  1   2
0  A  M  20
1  B  F  21
2  C  F  22
3  D  M  23
RangeIndex(start=0, stop=3, step=1)
```

例 4-2-19 创建 DateFrame 并设置 columns 与 index。

程序如下：

```
import pandas as pd
d=pd.DataFrame([["A", "M", 20], ["B", "F", 21], ["C", "F", 22], ["D", "M", 23]],
               columns=["Name", "Sex", "Age"],
               index=['a', 'b', 'c', 'd'])
print(d)
print(d.columns)
print(d.index)
```

执行结果如下：

```
   Name  Sex  Age
a   A    M   20
b   B    F   21
c   C    F   22
d   D    M   23
Index(['Name', 'Sex', 'Age'], dtype='object')
Index(['a', 'b', 'c', 'd'], dtype='object')
```

这个 DateFrame 在创建时同时设置了 columns 与 index。

4. DataFrame 使用键值定位元素

实际上为 DateFrame 设置 index 与 columns 是为了方便定义元素，如果 d 是一个 DataFrame，那么一般使用 d.loc[index, column]定位一个元素，其中 index、column 是 d.index 和 d.columns 的一个值。

例 4-2-20　显示 DateFrame 的各个元素。

程序如下：

```
import pandas as pd
d=pd.DataFrame([["A", "M", 20], ["B", "F", 21], ["C", "F", 22], ["D", "M", 23]],
                columns=["Name", "Sex", "Age"], index=['a', 'b', 'c', 'd'])
for i in d.index:
    for c in d.columns:
        print(d.loc[i, c], end=" ")
    print()
```

执行结果结果：

```
A M 20
B F 21
C F 22
D M 23
```

例 4-2-21　模仿 print 打印 DateFrame 对象显示。

如果 d 是一个 DataFrame 对象，那么 print(d)可以规则地打印出 d 的结构，下面的程序也能实现这个功能，每个数据占 8 个位置宽度：

```
import pandas as pd
d=pd.DataFrame([["A", "M", 20], ["B", "F", 21], ["C", "F", 22], ["D", "M", 23]],
                columns=["Name", "Sex", "Age"], index=['a', 'b', 'c', 'd'])
print("%-8s" % " ", end="")
for c in d.columns:
    print("%-8s" % c, end="")
print()
for i in d.index:
    print("%-8s" %i, end="")
    for c in d.columns:
        print("%-8s" % str(d.loc[i, c]), end=" ")
    print()
```

执行结果如下：

```
   Name    Sex    Age
a   A      M      20
b   B      F      21
c   C      F      22
d   D      M      23
```

5. DataFrame 使用下标序号定位元素

除了使用 index 与 column 值定位元素外，也可以使用元素的下标位置定位元素。如果 d 是一个 DataFrame，一般使用 d.iloc[i, j]定位一个元素，其中 i、j 是行列的下标序号。

例 4-2-22　显示 DateFrame 的各个元素。

程序如下：

```
import pandas as pd
d=pd.DataFrame([["A", "M", 20], ["B", "F", 21], ["C", "F", 22], ["D", "M", 23]],
                columns=["Name", "Sex", "Age"], index=['a', 'b', 'c', 'd'])
for i in range(4):
    for j in range(3):
        print(d.iloc[i, j], end=" ")
    print()
```

执行结果如下：

A M 20

B F 21

C F 22

D M 23

6. DataFrame 的行与列

实际上考察 DataFrame 对象 d 的行与列，会发现每行都是一个 Series 对象，这个 Series 的 index 就是 d.columns，我们使用 d.loc[index, :]获取 index 键值的一行，或者使用 d.iloc[i, :] 获取下标序号为 i 的一行。

例 4-2-23　显示 DateFrame 的第一行。

程序如下：

```
import pandas as pd
d=pd.DataFrame([["A", "M", 20], ["B", "F", 21], ["C", "F", 22], ["D", "M", 23]],
                columns=["Name", "Sex", "Age"], index=['a', 'b', 'c', 'd'])
print(d)
x=d.loc["a", :]
y=d.iloc[0, :]
print(x)
print(y)
```

执行结果如下：

Name   A

Sex   M

Age   20

Name: a, dtype: object

Name   A

Sex   M

Age   20

Name: a, dtype: object

由此可见，x=d.loc["a", :]获取 index="a"的第一行，y=d.iloc[0, :]获取下标为 0 的第一行，其实 x 与 y 是一样的，它们都是 Series，而且 index 为["Name", "Sex", "Age"]。

7. DataFrame 的列

DataFrame 对象 d 的每列也是一个 Series 对象，这个 Series 的 index 就是 d.index。我们使用 d.loc[:, column]获取 column 键值的一列，同时也可以使用 d[column]或者 d.column 获取 column 键值的一列，或者使用 d.iloc[:, j]获取下标序号为 j 的一列。

例 4-2-24　显示 DateFrame 的第一列。

程序如下：

```
import pandas as pd
d=pd.DataFrame([["A", "M", 20], ["B", "F", 21], ["C", "F", 22], ["D", "M", 23]],
                columns=["Name", "Sex", "Age"], index=['a', 'b', 'c', 'd'])
print(d)
x=d.loc[:, "Name"]
y=d["Name"]
z=d.Name
p=d.iloc[:, 0]
print(x)
print(y)
print(z)
print(p)
```

执行结果如下：

```
   Name  Sex  Age
a   A    M    20
b   B    F    21
c   C    F    22
d   D    M    23
a   A
b   B
c   C
d   D
Name: Name, dtype: object
a   A
b   B
c   C
d   D
Name: Name, dtype: object
a   A
```

b   B

c   C

d   D

Name: Name, dtype: object

a   A

b   B

c   C

d   D

Name: Name, dtype: object

由此可见，x=d.loc[:, "Name"]、y=d["Name"]、z=d.Name、p=d.iloc[:, 0]都是获取 Name 这个列，它们都是 index=['a', 'b', 'c', 'd']的 Series。

8. DataFrame 的属性

我们使用 info()函数可以看到 DataFrame 的各种属性。

例 4-2-25　显示 DateFrame 的属性。

程序如下：

```
import pandas as pd
d=pd.DataFrame([["A", "M", 20], ["B", "F", 21], ["C", "F", 22], ["D", "M", 23]],
               columns=["Name", "Sex", "Age"],
               index=['a', 'b', 'c', 'd'])
print(d.info())
```

执行结果如下：

```
<class 'pandas.core.frame.DataFrame'>
Index: 4 entries, a to d
Data columns (total 3 columns):
Name    4 non-null object
Sex     4 non-null object
Age     4 non-null int64
dtypes: int64(1), object(2)
memory usage: 128.0+ bytes
None
```

4.2.4　DataFrame 高级操作

1. DataFrame 增加行列

我们知道一个 DataFrame 对象 d 使用 d.index 标志它的行，使用 d.columns 标志它的列属性，因此改变 index 与 columns 就可以增加行与列。

如果要增加一行可以使用 d.loc[newIndex, :]=value，其中 newIndex 是一个新的 index 值，value 是这行的数据列表，如果 newIndex 已经存在，就修改原来的行。

如果要增加一列可以使用 d.loc[:, newColumn]=value 或者 d[newColumn]=value，其中 newColumn 是一个新的 column 值，value 是这列的数据列表，如果 newColumn 已经存在，就修改原来的列。

例 4-2-26　DateFrame 增加与修改行。

程序如下：

```
import pandas as pd
d=pd.DataFrame([["A", "M", 20], ["B", "F", 21], ["C", "F", 22], ["D", "M", 23]],
                columns=["Name", "Sex", "Age"],
                index=['a', 'b', 'c', 'd'])
d.loc["e", :]=["X", "M", 30]
d.loc["b", :]=["B", "M", 24]
print(d)
```

执行结果如下：

	Name	Sex	Age
a	A	M	20.0
b	B	M	24.0
c	C	F	22.0
d	D	M	23.0
e	X	M	30.0

其中，d.loc["e", :]=["X", "M", 30]增加了一个 index="e" 的行，d.loc["b", :]=["B", "M", 24] 把 index="b"的行的数据重新进行修改。

例 4-2-27　DateFrame 增加与修改列。

程序代码 如下：

```
import pandas as pd
d=pd.DataFrame([["A", "M", 20], ["B", "F", 21], ["C", "F", 22], ["D", "M", 23]],
                columns=["Name", "Sex", "Age"],
                index=['a', 'b', 'c', 'd'])
d.loc[:, "Tel"]=["111", "222", "333", "444"]
d.loc[:, "Age"]=[10, 11, 12, 13]
print(d)
```

执行结果如下：

	Name	Sex	Age	Tel
a	A	M	10	111
b	B	F	11	222
c	C	F	12	333
d	D	M	13	444

其中 d.loc[:, "Tel"]=["111", "222", "333", "444"]增加了一个 Tel 的列，也可以使用 d["Tel"]= ["111", "222", "333", "444"]，而 d.loc[:, "Age"]=[10, 11, 12, 13]修改了原来 Age 列的

数据。

2. DataFrame 删除行列

DataFrame 对象 d 的数据是活动的，可以增加也可以删除，使用 d.drop(index=value, inplace=True)删除键值为 index=value 的一行，使用 d.drop(columns=value, inplace=True)删除 columns=value 的一列。

例 4-2-28 DateFrame 删除行列。

程序如下：

```
import pandas as pd
d=pd.DataFrame([["A", "M", 20], ["B", "F", 21], ["C", "F", 22], ["D", "M", 23]],
               columns=["Name", "Sex", "Age"], index=['a', 'b', 'c', 'd'])
print(d)
d.drop(index="a", inplace=True)
print(d)
d.drop(columns="Sex", inplace=True)
print(d)
```

执行结果如下：

```
     Name  Sex  Age
a    A     M    20
b    B     F    21
c    C     F    22
d    D     M    23
     Name  Sex  Age
b    B     F    21
c    C     F    22
d    D     M    23
     Name  Age
b    B     21
c    C     22
d    D     23
```

其中 d.drop(index="a", inplace=True)删除"a"的行，d.drop(columns="Sex", inplace=True)删除了 Sex 列。

3. DataFrame 的键值行列切片

我们对 DataFrame 进行行列的切片可以得到它的一个行列子集，切片可以按 index 与 column 的键值进行。

使用 d.loc[indexSlice, columnSlice]进行行列切片，其中 indexSlice 是一个 index 的切片，它的基本结构是 startIndex:endIndex 或者是 index 的一个列表，startIndex 与 endIndex 可以省略一个或两个，其中":"表整行，"startIndex:"表示从 startIndex 开始到末尾行，":endIndex"

把 iOS 从开始到 endIndex 行。columnSlice 的结构类似。

例 4-2-29 DateFrame 行切片。

程序如下：

```
import pandas as pd
d=pd.DataFrame([["A", "M", 20], ["B", "F", 21], ["C", "F", 22], ["D", "M", 23]],
               columns=["Name", "Sex", "Age"], index=['a', 'b', 'c', 'd'])
print(d.loc["a":"c", :])
print(d.loc["b":, :])
print(d.loc[:"b", :])
print(d.loc[["a", "c"], :])
```

执行结果如下：

```
   Name  Sex  Age
a    A    M   20
b    B    F   21
c    C    F   22
   Name  Sex  Age
b    B    F   21
c    C    F   22
d    D    M   23
   Name  Sex  Age
a    A    M   20
b    B    F   21
   Name  Sex  Age
a    A    M   20
c    C    F   22
```

其中，d.loc["a":"c", :]是 index="a"、index="b"、index="c"的 3 行，d.loc["b":, :]是 index="b"开始的后面 3 行，d.loc[:"b", :]是开始到 index="b"的前 2 行，d.loc[["a", "c"], :]是 index="a"、index="c"的 2 行。

例 4-2-30 DateFrame 列切片。

列切片的道理与行切片的类似，如下程序代码：

```
import pandas as pd
d=pd.DataFrame([["A", "M", 20], ["B", "F", 21], ["C", "F", 22], ["D", "M", 23]],
               columns=["Name", "Sex", "Age"], index=['a', 'b', 'c', 'd'])
print(d.loc[:, "Name":"Sex"])
print(d.loc[:, "Sex":])
print(d.loc[:, :"Sex"])
print(d.loc[:, ["Name", "Age"]])
```

执行结果如下：

	Name	Sex
a	A	M
b	B	F
c	C	F
d	D	M

	Sex	Age
a	M	20
b	F	21
c	F	22
d	M	23

	Name	Sex
a	A	M
b	B	F
c	C	F
d	D	M

	Name	Age
a	A	20
b	B	21
c	C	22
d	D	23

例 4-2-31　DateFrame 行列切片。

程序如下：

```
import pandas as pd
d=pd.DataFrame([["A", "M", 20], ["B", "F", 21], ["C", "F", 22], ["D", "M", 23]],
                columns=["Name", "Sex", "Age"], index=['a', 'b', 'c', 'd'])
print(d.loc["a":"b", "Name":"Sex"])
print(d.loc["c":, "Sex":])
print(d.loc[:"b", :"Sex"])
print(d.loc[["a", "c"], ["Name", "Age"]])
```

执行结果如下：

	Name	Sex
a	A	M
b	B	F

	Sex	Age
c	F	22
d	M	23

	Name	Sex
a	A	M

```
b    B    F
     Name  Age
a    A    20
c    C    22
```

这里使用 d.loc[["a", "c"], ["Name", "Age"]]可以得到指定行与指定列的切片数据。

4. DataFrame 的下标序号行列切片

实际上切片也可以按行列的下标序号进行，使用 d.iloc[iSlice, jSlice]进行行列切片，其中 iSlice 是一个行下标的切片，它的基本结构是 start:end:step 或者是行序号的一个列表，start:end:step 的规则与 range(start, end, step)的类似。jSlicee 是一个列的下标切片，规则与 iSlice 类似。

例 4-2-32　DateFrame 行列切片。

程序如下：

```
import pandas as pd
d=pd.DataFrame([["A", "M", 20], ["B", "F", 21], ["C", "F", 22], ["D", "M", 23]],
                columns=["Name", "Sex", "Age"], index=['a', 'b', 'c', 'd'])
print(d.iloc[0:2, 1:2])
print(d.iloc[3:, 1:2])
print(d.iloc[:3, [0, 2]])
print(d.iloc[[0, 3], [1, 2]])
```

执行结果如下：

```
     Sex
a    M
b    F
     Sex
d    M
     Name  Age
a    A    20
b    B    21
c    C    22
     Sex  Age
a    M    20
d    M    23
```

值得注意的是当切片的结果是一维数据时，它是一个 Series 而不是一个 DataFrame，例如 d.iloc[0:2, 1:2]得到 Sex 列的部分数据，是一维的 Series。

5. DataFrame 与 NumPy 数组

DataFrame 对象 d 是一个有 index 与 columns 的结构化数据，有时我们需要它包含的真正的数据，使用 d.values 可以获得这组数据，它是不包含 index 与 columns 的二维的 NumPy

数组。

例 4-2-33 DateFrame 与 NumPy 数组。

程序如下：

```
import pandas as pd
import numpy as np
d=pd.DataFrame([["A", "M", 20], ["B", "F", 21], ["C", "F", 22], ["D", "M", 23]],
            columns=["Name", "Sex", "Age"], index=['a', 'b', 'c', 'd'])
print(d)
v=d.values
print(type(v))
print(v)
```

执行结果如下：

```
    Name  Sex  Age
a     A    M   20
b     B    F   21
c     C    F   22
d     D    M   23
<class 'numpy.ndarray'>
[['A' 'M' 20]
 ['B' 'F' 21]
 ['C' 'F' 22]
 ['D' 'M' 23]]
```

由此可见，v=d.values 数据类型是 NumPy 二维数组。一个 NumPy 二维数组加上 index 与 columns 后就变成 DataFrame。

例 4-2-34 NumPy 数组创建 DataFrame。

程序如下：

```
import numpy as np
a=pd.DataFrame(np.arange(12).reshape(4, 3))
print(a)
b=pd.DataFrame(np.arange(12).reshape(4, 3),
            columns=["Name", "Sex", "Age"], index=['a', 'b', 'c', 'd'])
print(b)
```

执行结果如下：

```
   0   1   2
0  0   1   2
1  3   4   5
2  6   7   8
3  9  10  11
```

```
        Name  Sex  Age
a        0    1    2
b        3    4    5
c        6    7    8
d        9    10   11
```

其中，a=pd.DataFrame(np.arange(12).reshape(4，3)) 直接使用 NumPy 数组创建 DataFrame，它的 index 与 columns 自动设置为 0 开始的整数序列。

6. DataFrame 数据排序

一般 DataFrame 的数据可以按 index 或者 columns 的大小进行排序，规则是：

(1) d.sort_index(axis=0)，数据行按 index 进行排序；

(2) d.sort_index(axis=1)，数据列按 columns 进行排序。

例 4-2-35　DataFrame 按键值排序。

为了更好地演示数据的排序，设置 DataFrame 的数据全部是数值。程序如下：

```python
import pandas as pd
import numpy as np
d=pd.DataFrame(np.random.randint(0, 5, (3, 4), dtype=np.int8),
                columns=["B", "A", "C", "D"], index=['a', 'c', 'b'])
print("原始数据")
print(d)
print("按 index 排序")
print(d.sort_index(axis=0))
print("按 columns 排序")
print(d.sort_index(axis=1))
print("按 index, columns 排序")
print(d.sort_index(axis=1).sort_index(axis=0))
```

执行结果如下：

```
原始数据
    B   A   C   D
a   2   1   1   4
c   4   2   3   2
b   4   1   3   3
按 index 排序
    B   A   C   D
a   2   1   1   4
b   4   1   3   3
c   4   2   3   2
按 columns 排序
```

```
   A  B  C  D
a  1  2  1  4
c  2  4  3  2
b  1  4  3  3
```

按 index, columns 排序

```
   A  B  C  D
a  1  2  1  4
b  1  4  3  3
c  2  4  3  2
```

另外 DataFrame 的数据还可以按数据的大小进行排序，规则是：

(1) d.sort_values(by=colunm, axis=0)，数据行按 column 列排序；

(2) d.sort_values(by=index, axis=1)，数据列按 index 行进行排序。

例 4-2-36　DataFrame 按数据排序。

程序如下：

```
import pandas as pd
import numpy as np
d=pd.DataFrame(np.random.randint(0, 10, (3, 4), dtype=np.int8),
                 columns=["B", "A", "C", "D"], index=['a', 'c', 'b'])
print("原始数据")
print(d)
print("按 column=A 列排序")
print(d.sort_values(by="A", axis=0))
print("按 index=a 行排序")
print(d.sort_values(by="a", axis=1))
```

执行结果如下：

原始数据

```
   B  A  C  D
a  2  1  3  1
c  6  5  1  8
b  0  1  6  0
```

按 column=A 列排序

```
   B  A  C  D
a  2  1  3  1
b  0  1  6  0
c  6  5  1  8
```

按 index=a 行排序

```
   A  D  B  C
a  1  1  2  3
```

```
c   5   8   6   1
b   1   0   0   6
```

7. DataFrame 算术运算

如果 a、b 是两个有相同 index 与 cloumns 的 DataFrame 数据表，那么在保证它们的数据可以进行算术运算的前提下，可以把 a 与 b 进行四则混合运算。

例 4-2-37   DataFrame 算术运算。

程序如下：

```
import pandas as pd
import numpy as np
a=pd.DataFrame(np.random.randint(0, 10, (2, 3), dtype=np.int8),
               columns=["B", "A", "C"], index=['a', 'b'])
b=pd.DataFrame(np.random.randint(1, 10, (2, 3), dtype=np.int8),
               columns=["B", "A", "C"], index=['a', 'b'])
print("a=\n", a)
print("b=\n", b)
print("a+b=\n", a+b)
print("a-b=\n", a-b)
print("a*b=\n", a*b)
print("a/b=\n", a/b)
```

执行结果如下：

```
a=
   B  A  C
a  2  4  4
b  9  2  9
b=
   B  A  C
a  1  4  6
b  4  2  8
a+b=
    B  A   C
a   3  8  10
b  13  4  17
a-b=
   B  A   C
a  1  0  -2
b  5  0   1
a*b=
   B  A  C
```

```
a    2   16  24
b   36   4   72
a/b=
     B     A      C
a   2.00  1.0   0.666667
b   2.25  1.0   1.125000
```

8. DataFrame 比较运算

如果 a、b 是两个有相同 index 与 cloumns 的 DataFrame 数据表，那么在保证它们的数据可以进行比较运算的前提下，可以把 a 与 b 进行比较运算，结果是一个相同结构的 bool 类型的 DataFrame。

例 4-2-38 DataFrame 算术运算。

程序如下：

```
import numpy as np
a=pd.DataFrame(np.random.randint(0, 10, (2, 3), dtype=np.int8),
                columns=["B", "A", "C"], index=['a', 'b'])
b=pd.DataFrame(np.random.randint(1, 10, (2, 3), dtype=np.int8),
                columns=["B", "A", "C"], index=['a', 'b'])
print("a=\n", a)
print("b=\n", b)
print("a>b=\n", a>b)
```

执行结果如下：

```
a=
     B   A   C
a    5   7   7
b    4   7   8
b=
     B   A   C
a    4   1   9
b    4   8   3
a>b=
      B      A       C
a   True   True   False
b   False  False  True
```

9. DataFrame 统计运算

类似 NumPy 一样可以进行 DataFrame 对象 d 的统计运算，我们以 sum 函数为例：

(1) d.sum()或者 d.sum(axis=0)是固定各个列，对所有行数据进行累加运算；

(2) d.sum(axis=1)是固定各个行，对所有列数据进行累加运算。

其他统计函数 mean、max、min 的规则类似。

例 4-2-39　DataFrame 统计运算。

程序如下：

```
import pandas as pd
import numpy as np
d=pd.DataFrame(np.random.randint(0, 10, (2, 3), dtype=np.int8),
                columns=["B", "A", "C"], index=['a', 'b'])
print(d)
print("sum(axis=0)")
print(d.sum(axis=0))
print("sum(axis=1)")
print(d.sum(axis=1))
print("max(axis=0)")
print(d.max(axis=0))
print("max(axis=1)")
print(d.max(axis=1))
```

执行结果如下：

```
   B  A  C
a  3  5  9
b  5  2  7
sum(axis=0)
B     8
A     7
C    16
dtype: int64
sum(axis=1)
a    17
b    14
dtype: int64
max(axis=0)
B    5
A    5
C    9
dtype: int8
max(axis=1)
a    9
b    7
dtype: int8
```

10. DataFrame 的 NaN 值

NaN 值是一种空值,在 DataFrame 中数据元素为 None 或者 numpy.nan 时都被看作 NaN 值,注意空字符串不是 NaN。如果 d 是一个 DataFrame,那么使用 d.isna()或者 pd.isna(d) 函数检测 NaN 值,它返回一个 bool 类型的 DataFrame,NaN 值的地方是 True,不然是 False。

例 4-2-40 检测 DateFrame 的 NaN 值。

程序如下:

```
import pandas as pd
import numpy as np
d=pd.DataFrame([["A", "M", np.nan], ["B", "F", 21], ["C", None, 22], ["D", "", 23]],
                columns=["Name", "Sex", "Age"], index=['a', 'b', 'c', 'd'])
print(d)
print(d.isna())
```

执行结果如下:

```
   Name   Sex   Age
a    A     M    NaN
b    B     F    21.0
c    C    None  22.0
d    D          23.0
    Name    Sex    Age
a  False  False   True
b  False  False  False
c  False   True  False
d  False  False  False
```

由此可见,d.isna()检测到 None 与 np.nan 是 NaN 值。

11. DataFrame 的 query 查询

DataFrame 的 query 查询是一个功能很强大的查询函数,它类似 SQL 中的 select 语句,一般规则是 query(exp),其中 exp 是一个由列名称组成的逻辑表达式,在多个条件时可以使用 "&" "|" "~" 完成 and、or、not 的复杂运算。

例 4-2-41 查询 Sex 是"M"的学生。

程序如下:

```
import pandas as pd
d=pd.DataFrame([["A", "M", 20], ["B", "F", 21], ["C", "F", 22], ["D", "M", 23]],
                columns=["Name", "Sex", "Age"], index=['a', 'b', 'c', 'd'])
print(d)
print(d.query("Sex=='M'"))
```

执行结果如下:

```
   Name   Sex   Age
```

```
a    A    M    20
b    B    F    21
c    C    F    22
d    D    M    23
     Name Sex  Age
a    A    M    20
d    D    M    23
```

例 4-2-42　查询 Age 在 21 岁以上的学生。

程序如下：

```
import pandas as pd
d=pd.DataFrame([["A", "M", 20], ["B", "F", 21], ["C", "F", 22], ["D", "M", 23]],
                 columns=["Name", "Sex", "Age"], index=['a', 'b', 'c', 'd'])
print(d)
print(d.query("Age>21"))
print(d.query("~(Age<=21)"))
```

执行结果如下：

```
     Name Sex  Age
a    A    M    20
b    B    F    21
c    C    F    22
d    D    M    23
     Name Sex  Age
c    C    F    22
d    D    M    23
     Name Sex  Age
c    C    F    22
d    D    M    23
```

其中，d.query("Age>21")与 d.query("~(Age<=21)")是等效的。

例 4-2-43　查询 Age 是 20 或者 23 岁的学生。

程序如下：

```
import pandas as pd
d=pd.DataFrame([["A", "M", 20], ["B", "F", 21], ["C", "F", 22], ["D", "M", 23]],
                 columns=["Name", "Sex", "Age"], index=['a', 'b', 'c', 'd'])
print(d)
print(d.query("(Age==20) | (Age==23)"))
```

执行结果如下：

```
     Name Sex  Age
a    A    M    20
```

b	B	F	21
c	C	F	22
d	D	M	23

	Name	Sex	Age
a	A	M	20
d	D	M	23

例 4-2-44　查询 Age 不是空值的学生。

程序如下：

```
import pandas as pd
import numpy as np
d=pd.DataFrame([["A", "M", np.nan], ["B", "F", 21], ["C", "F", None], ["D", "M", 23]],
                columns=["Name", "Sex", "Age"], index=['a', 'b', 'c', 'd'])
print(d)
print(d.query("~Age.isna()"))
```

执行结果如下：

	Name	Sex	Age
a	A	M	NaN
b	B	F	21.0
c	C	F	NaN
d	D	M	23.0

	Name	Sex	Age
b	B	F	21.0
d	D	M	23.0

例 4-2-45　Age 中空值用 Age 的平均值替代。

程序如下：

```
import pandas as pd
import numpy as np
d=pd.DataFrame([["A", "M", np.nan], ["B", "F", 21], ["C", "F", None], ["D", "M", 23]],
                columns=["Name", "Sex", "Age"], index=['a', 'b', 'c', 'd'])
print(d)
x=d.query("Age.isna()")
d.loc[x.index, "Age"]=d.Age.mean()
print(d)
```

执行结果如下：

	Name	Sex	Age
a	A	M	NaN
b	B	F	21.0

c	C	F	NaN
d	D	M	23.0
	Name	Sex	Age
a	A	M	22.0
b	B	F	21.0
c	C	F	22.0
d	D	M	23.0

这里先通过 x=d.query("Age.isna()")查找到 Age 是 NaN 值的记录，然后使用 x.index 获取这些记录的 index 列表，使用 d.Age.mean()计算 Age 的平均值(平均值计算不包含 NaN)，最后使用 d.loc[x.index, "Age"]= d.Age.mean()把平均值赋值给 Age 为 NaN 的记录。

12. DataFrame 与 CSV 文件

CSV 文件是最常用的数据文件，DataFrame 经常要从 CSV 文件读取数据，或者把数据保存到 CSV 文件。

(1) 读取 CSV 数据到 DataFrame。

设有一个 students.csv 文件如下所示：

```
Name, Sex, Age
A, M, 20
B, F, 21
C, F, 22
D, M, 23
```

数据第一行是标题，其他行是数据，数据之间使用逗号隔开，每行数据代表一条记录，可以使用 pd.read_csv("students.csv")读取。

例 4-2-46　读取 CSV 文件数据。

程序如下：

```
import pandas as pd
d=pd.read_csv("students.csv")
print(d)
```

执行结果如下：

	Name	Sex	Age
0	A	M	20
1	B	F	21
2	C	F	22
3	D	M	23

由此可见，读取的数据第一行当成了 DataFrame 的 columns，index 是 0 开始的整数序列。

(2) 存储 DataFrame 到 CSV 文件。

如果 d 是 DataFrame 对象，使用 d.to_csv("students.csv", index=False)把数据写到 students.csv 文件中。

例 4-2-47 存储数据到 CSV 文件。

程序如下：

```
import pandas as pd
d=pd.DataFrame([["A", "M", 20], ["B", "F", 21], ["C", "F", 22], ["D", "M", 23]],
                    columns=["Name", "Sex", "Age"], index=['a', 'b', 'c', 'd'])
d.to_csv("data.csv", index=False)
e=pd.read_csv("data.csv")
print(e)
```

执行结果如下：

```
    Name  Sex  Age
0    A    M    20
1    B    F    21
2    C    F    22
3    D    M    23
```

data.csv 文件格式与 students.csv 完全一样。

如果要把 DataFrame 的 index 存储到 CSV 文件，需要使用 d.to_csv("data.csv", index=True, index_label="ID")，其中 index=True 表示存储 index，同时设置 index_label="ID"，即把 index 当成名称为 ID 的一列。

例 4-2-48 存储数据及 index 到 CSV 文件。

程序如下：

```
import pandas as pd
d=pd.DataFrame([["A", "M", 20], ["B", "F", 21], ["C", "F", 22], ["D", "M", 23]],
                    columns=["Name", "Sex", "Age"], index=['a', 'b', 'c', 'd'])
d.to_csv("data.csv", index=True, index_label="ID")
e=pd.read_csv("data.csv", index_col="ID")
print(e)
print(e.index)
```

执行结果如下：

```
    Name  Sex  Age
ID
a    A    M    20
b    B    F    21
c    C    F    22
d    D    M    23
Index(['a', 'b', 'c', 'd'], dtype='object', name='ID')
```

可以看到 data.csv 文件多了一个名称为 ID 的列，该列的数据就是 index，data.csv 如下所示：

```
ID, Name, Sex, Age
```

a, A, M, 20
b, B, F, 21
c, C, F, 22
d, D, M, 23

这种文件读取时要使用 e=pd.read_csv("data.csv", index_col="ID")，通过 index_col="ID"
指定 ID 列是 index 而不是数据列，读出的 e 的 index 是['a', 'b', 'c', 'd']序列，只是 e.index 有
一个名称"ID"。

任务 4.3　Matplotlib 数据可视化包

4.3.1　Matplotlib 安装

Matplotlib 是一个强大的数据可视化画图工具集，使用它可以方便地画出各种各样的图
形。要使用 Matplotlib 就必须先安装，安装命令如下：

```
pip install matplotlib
```

安装成功后就可以引用了，一般使用 matplotlib.pyplot，例如：

```
import matplotlib.pyplot
```

由于程序中经常要用到它，建议使用下列的引用：

```
import matplotlib.pyplot as plt
```

这样就在引用时把 matplotlib.pyplot 改成简单的名称 plt，使用起来会更加方便。

4.3.2　线图

线图是最简单的图形，它一般表示 y=f(x)这样一种函数关系，给定一组 x 的值，得到
一组 y 的值，依次画出各个点，再把它们连接在一起就是 y=f(x)的图像。

例 4-3-1　画出 y=x*x 的图像。

程序如下：

```
import numpy as np
import matplotlib.pyplot as plt
x=np.linspace(0, 1, 10)
y=x*x
plt.plot(x, y, label="y=x*x")
plt.legend()
plt.show()
```

执行结果如图 4-1 所示。

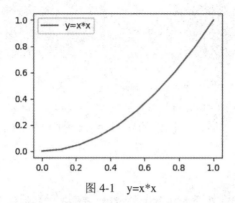

图 4-1　y=x*x

画这个图像十分简单，首先 x=np.linspace(0, 1, 10)在(0, 1)之间建立 10 个值序列，然后 y=x*x 产生 y 值序列，调用 plt.plot(x, y, label="y=x*x")函数画出图像，其中 label 是要显示的图例，它使用 plt.legend()显示，最后调用 plt.show()显示整个图像。

例 4-3-2　画出 y=sin(x)在一个周期内的图像。

程序如下：

```
import numpy as np
import matplotlib.pyplot as plt
x=np.linspace(0, 2*np.pi, 100)
y=np.sin(x)
plt.plot(x, y, label="y=sin(x)")
plt.plot(x, x*0)
plt.xlabel("x")
plt.ylabel("sin(x)")
plt.legend()
plt.show()
```

执行结果如图 4-2 所示。

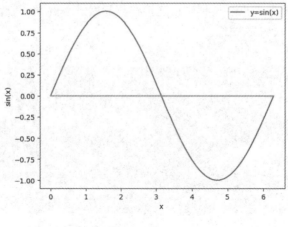

图 4-2　y=sin(x)

这个程序中使用 plt.plot(x, x*0)画了一条水平线，而且 plt.xlabel("x")设置 X 轴的标签，用 plt.label("sin(x)")来设置 Y 轴标签。

实际上 X、Y 轴的坐标刻度也是可以控制的，Matplotlib 通过 plt.xticks(x)和 plt.yticks(y)设置 X 轴与 Y 轴的刻度，其中 x、y 是列表。

例 4-3-3　画出 y=sin(x)在一个周期内的图像，并设置 X、Y 刻度。

程序如下：

```
import numpy as np
import matplotlib.pyplot as plt
plt.figure(figsize=(4, 3))
x=np.linspace(0, 2*np.pi, 100)
y=np.sin(x)
plt.plot(x, y, label="y=sin(x)")
plt.plot(x, x*0)
plt.xlabel("x")
plt.ylabel("sin(x)")
plt.xticks(np.arange(0, 6.5, 1.5))
plt.yticks(np.arange(-1.2, 1.4, 0.4))
plt.legend()
plt.show()
```

执行结果如图 4-3 所示，其中 X 轴每隔 1.5 显示一个刻度数，Y 轴每隔 0.4 显示一个刻度数。

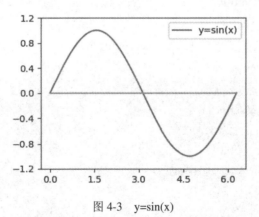

图 4-3　y=sin(x)

例 4-3-4　用红色与虚线画出 y=sin(x)在一个周期内的图像。

一般在画图像时还可以自己规定曲线的颜色与样式，这种格式非常多，用户可以参考相关资料，这里只列举一个示例。程序如下：

```
import numpy as np
import matplotlib.pyplot as plt
plt.figure(figsize=(4, 3))
x=np.linspace(0, 2*np.pi, 100)
```

```
y=np.sin(x)
plt.plot(x, y, "r--", label="y=sin(x)")
plt.legend()
plt.show()
```

执行结果如图 4-4 所示，其中 "r--" 表示红色(red)与虚线。

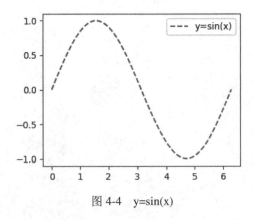

图 4-4 y=sin(x)

4.3.3 子图

很多时候我们需要同时画出多个图像，例如画出 y=sin(x) 与 y=cos(x) 的图像，那么就可以使用子图的方法，在一个画板上使用 plt.subplot 规划出子图的结构与数量，然后就可以分别画图了。该函数的调用方法是 plt.subplot(nrows, ncols, current)，其中 nrows、ncols、current 都是整数，表示规划一个 nrows 行，ncols 列的子图矩阵，并选取序号为 current 的子图为当前活动的图像，我们用下面的示例演示。

例 4-3-5 使用子图画出 y=sin(x) 与 y=cos(x) 的图像。

程序如下：

```
import numpy as np
import matplotlib.pyplot as plt
x=np.linspace(0, 2*np.pi, 100)
plt.subplot(1, 2, 1)
plt.plot(x, np.sin(x), label="y=sin(x)")
plt.plot(x, x*0)
plt.legend()
plt.subplot(1, 2, 2)
plt.plot(x, np.cos(x), label="y=cos(x)")
plt.plot(x, x*0)
plt.legend()
plt.show()
```

执行结果如图 4-5 所示，y=sin(x) 与 y=cos(x) 的图像并排在一起。

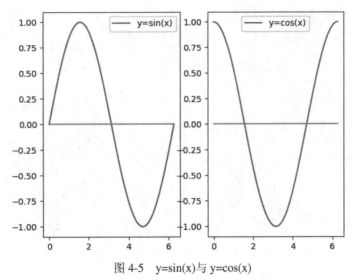

图 4-5　y=sin(x)与 y=cos(x)

　　这个程序先使用 plt.subplot(1, 2, 1)规划一个 1 行 2 列的子图，选择第 1 个为活动子图，画出 y=sin(x)图像，然后使用 plt.subplot(1, 2, 2)选择第 2 个为活动子图，画出 y=cos(x)图像。注意在第二次调用时要保证子图划分与第一次是一样的，即第二次的 plt.subplot(1, 2, 2)只是选择第 2 个子图为活动子图。

　　例 4-3-6　使用子图画出 y=sin(x)、y=cos(x)、y=x*x、y=x*x*x 的图像。

　　程序如下：

```python
import numpy as np
import matplotlib.pyplot as plt
x=np.linspace(-np.pi, np.pi, 100)
plt.subplot(2, 2, 1)
plt.plot(x, np.sin(x), label="y=sin(x)")
plt.plot(x, x*0)
y=np.linspace(-1.1, 1.1, 100)
plt.plot(y*0, y)
plt.legend()
plt.subplot(2, 2, 2)
plt.plot(x, np.cos(x), label="y=cos(x)")
plt.plot(x, x*0)
y=np.linspace(-1.1, 1.1, 100)
plt.plot(y*0, y)
plt.legend()
x=np.linspace(-1, 1, 100)
plt.subplot(2, 2, 3)
plt.plot(x, x*x, label="y=x*x")
plt.plot(x, x*0)
```

```
y=np.linspace(0, 1, 100)
plt.plot(y*0, y)
plt.legend()
plt.subplot(2, 2, 4)
x=np.linspace(-1, 1, 100)
plt.plot(x, x*x*x, label="y=x*x*x")
plt.plot(x, x*0)
y=np.linspace(-1.1, 1.1, 100)
plt.plot(y*0, y)
plt.legend()
plt.show()
```

执行结果如图 4-6 所示，程序还画出了必要的 X 与 Y 轴。

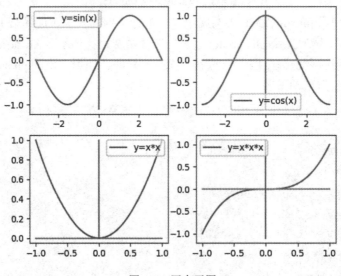

图 4-6　四个子图

程序使用 plt.subplot(2, 2, 1)规划了一个 2 行 2 列的子图矩阵，在第一行的 1、2 号子图画 y=sin(x)与 y=cos(x)图像，在第二行的 3、4 号子图画 y=x*x、y=x*x*x 的图像。

4.3.4　饼图

饼图是实际应用比较多的一种图像，它用来表示各个部分所占的百分比，Matplotlib 使用 pie 画饼图，可以设置各个扇形区域的颜色与标签。

例 4-3-7　饼图示例。

程序如下：

```
import matplotlib.pyplot as plt
plt.pie([1, 2], labels=['A', 'B'], autopct="%.1f%%")
plt.show()
```

　　执行结果如图 4-7 所示，其中 autopct="%.1f%%"表示百分比使用的格式，"%0.1f"是只显示一位小数，后面的"%%"是用来显示一个"%"。

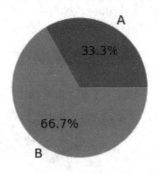

图 4-7　饼图示例

例 4-3-8　控制饼图颜色。

程序如下：

```
import matplotlib.pyplot as plt
plt.pie([1, 2, 4], labels=['A', 'B', 'C'], colors=["r", "y", "g"], autopct="%.1f%%")
plt.show()
```

　　执行结果如图 4-8 所示，程序画出的是[1, 2, 4]的饼图，它们对应标签 A、B、C，占的比例是 1/7、2/7、4/7，使用的颜色是 red、yellow、green，各个扇形逆时针排列。

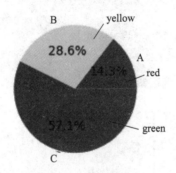

图 4-3-8　饼图颜色

4.3.5　散点图

　　散点图用来表示平面上(x, y)对数据的分布状况，从图中可以直观地看出这些点在哪些区域比较集中，散点图一般格式是 plt.scatter(x, y, …)，其中 x、y 是坐标列表。

　　例 4-3-9　正态分布散点图示例。

　　使用 np.random.normal(1, 1, 200)产生 200 个中心为 1，方差为 1 的正态分布，画出散点图。程序如下：

```
import numpy as np
x=np.random.normal(1, 1, 200)
y=np.random.normal(1, 1, 200)
```

```
plt.scatter(x, y)
plt.show()
```

执行结果如图 4-9 所示，散点图显示(x, y)对集中在(1, 1)附近的比较多，这就是正态分布的特征。

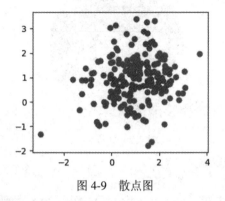

图 4-9　散点图

例 4-3-10　散点图的平方函数。

程序如下：

```
import matplotlib.pyplot as plt
import numpy as np
x=np.linspace(-1, 1, 50)
y=x*x
plt.scatter(x, y, c="red", s=10, label="y=x*x")
plt.legend()
plt.show()
```

执行结果如图 4-10 所示。

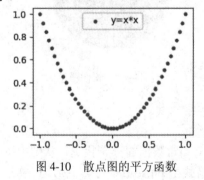

图 4-10　散点图的平方函数

4.3.6　柱状图

柱状图经常显示一些离散数据，例如一个公司各个年度的营业值等，我们使用 bar 函数画柱状图。

例 4-3-11　公司各个年度的营业额柱状图。

如果有一家公司 2016、2017、2018、2019 年度的营业额分别是 5100、4500、4200、

5500 万元，可以用下面程序演示使用 bar 画柱状图。程序如下：

```
import matplotlib.pyplot as plt
c=["2016", "2017", "2018", "2019"]
n=[5100, 4500, 4200, 5500]
x=range(len(c))
plt.bar(x, n, width=0.3, color=["b", "r", "g", "y"])
plt.xticks(x, c)
plt.xlabel("Year")
plt.ylabel("Profit")
plt.show()
```

执行结果如图 4-11 所示，柱的宽度是 0.3，颜色依次是 color=["b", "r", "g", "y"]。

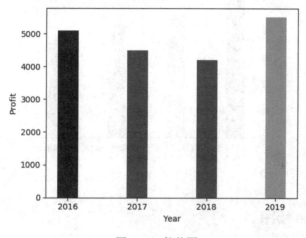

图 4-11　柱状图

这个柱状图在绘制时要特别注意 X 轴的年份 c=["2016", "2017", "2018", "2019"]不是坐标值，坐标值是 x=range(len(c))即[0, 1, 2, 3]列表，通过 plt.xticks(x, c)把年份值标注在各个坐标值的位置。

例 4-3-12　学生人数柱状图。

有 4 个软件班的学生人数分别是 51、45、42、55 人，使用柱状图表示。程序代码如下：

```
import matplotlib.pyplot as plt
import matplotlib
# 设置 matplotlib 正常显示中文和负号
matplotlib.rcParams['font.sans-serif']=['SimHei']
matplotlib.rcParams['axes.unicode_minus']=False
c=["软件 1 班", "软件 2 班", "软件 3 班", "软件 4 班"]
n=[51, 45, 42, 55]
for i in range(len(c)):
    c[i]=c[i]+":"+str(n[i])
```

```
x=range(len(c))
plt.bar(x, n, width=0.3, color=["b", "r", "g", "y"])
plt.xticks(x, c)
plt.ylabel("学生人数")
plt.yticks(range(0, 60, 10))
plt.show()
```

执行结果如图 4-12 所示，各个班的人数放在 X 轴的标签上显示。

注意：为了在图像中能正确显示中文，程序需要做如下设置：

```
matplotlib.rcParams['font.sans-serif']=['SimHei']
matplotlib.rcParams['axes.unicode_minus']=False
```

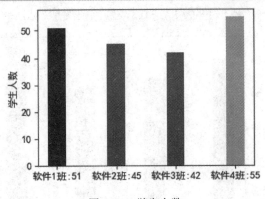

图 4-12　学生人数

4.3.7　DataFrame 绘图

DataFrame 有很多列 columns 数据，它们是通过 index 来识别的，这是一种函数关系，因此可以使用 DataFrame.plot 方法方便地画图。

1. DataFrame 画线图

例 4-3-13　DataFrame 画图。

我们构造一个 DataFrame，它的 index 是一个 x=np.linspace(-np.pi, np.pi, 100) 系列，而 sin(x)、cos(x) 列是对应的 sin(x) 与 cos(x) 函数值，那么很容易画出 sin(x)、cos(x) 的图。程序如下：

```
import numpy as np
import pandas as pd
import matplotlib.pyplot as plt
x=np.linspace(-np.pi, np.pi, 100)
d=pd.DataFrame({"sin(x)":np.sin(x), "cos(x)":np.cos(x)}, index=x)
d.plot()
plt.plot(x, x*0)
plt.show()
```

执行结果如图 4-13 所示。

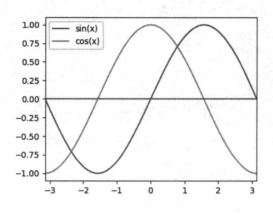

图 4-13　DataFrame 绘图

当然这个图也可以单独画 sin(x)与 cos(x)列的曲线，但是使用 DataFrame.plot 会快速简单很多。

例 4-3-14　DataFrame 使用子图画图。

如果要使用子图画图，就设置 plt.plot(subplots=True)。程序如下：

```
import numpy as np
import pandas as pd
import matplotlib.pyplot as plt
x=np.linspace(-np.pi, np.pi, 100)
d=pd.DataFrame({"sin(x)":np.sin(x), "cos(x)":np.cos(x)}, index=x)
d.plot(subplots=True)
plt.show()
```

执行结果如图 4-14 所示。

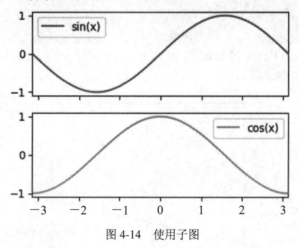

图 4-14　使用子图

例 4-3-15　DataFrame 画图。

一般 DataFrame.plot()会检测所有的数值列，使用 index 为 X 轴画出全部图来。程序如下：

```
import numpy as np
import pandas as pd
import matplotlib.pyplot as plt
x=np.array([0, 1, 2, 3])
d=pd.DataFrame({"A":x, "B":2*x, "C":['a', 'b', 'c', 'd'], "D":3*x}, index=x)
d.plot()
plt.show()
```

执行结果如图 4-15 所示，除了 C 列不能画图外，别的列都画出了对应的图。

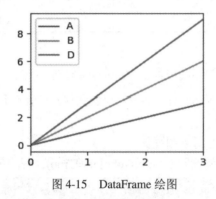

图 4-15　DataFrame 绘图

例 4-3-16　DataFrame 选择列画图。

index 不是数值，但也能画图，而且可以指定哪些列进行画图。程序如下：

```
import numpy as np
import pandas as pd
import matplotlib.pyplot as plt
x=np.array([0, 1, 2, 3])
d=pd.DataFrame({"A":x, "B":2*x, "C":['a', 'b', 'c', 'd'], "D":3*x}, index=['a', 'b', 'c', 'd'])
d.plot(y=["A", "D"])
plt.show()
```

执行结果如图 4-16 所示，X 轴的值是['a', 'b', 'c', 'd']列表，而且 d.plot(y=["A", "D"])指定
只画 A、D 两列的图，B 列不画。

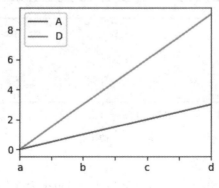

图 4-16　DataFrame 绘图

2. DataFrame 画饼图

设置 DataFrame.plot(kind="pie")可以画饼图，如果不设置 kind，那么默认 kind="line" 是线图。

例 4-3-17 DataFrame 画饼图。

程序如下：

```
import numpy as np
import pandas as pd
import matplotlib.pyplot as plt
d=pd.DataFrame({"A":[1, 2, 2, 3], "B":['a', 'b', 'c', 'd'], "C":[2, 4, 1, 2]},
                index=['a', 'b', 'c', 'd'])
d.plot(y="A", kind="pie", autopct='%.2f%%')
plt.show()
```

执行结果如图 4-17 所示。

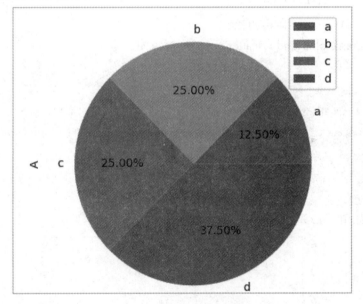

图 4-17 DataFrame 饼图

3. DataFrame 画柱状图

例 4-3-18 DataFrame 画柱状图。

设置 DataFrame.plot(kind="bar")可以画柱状图。程序如下：

```
import pandas as pd
import matplotlib.pyplot as plt
d=pd.DataFrame({"A":[1, 2, 2, 3], "B":['a', 'b', 'c', 'd'], "C":[2, 4, 1, 2]},
                index=['a', 'b', 'c', 'd'])
d.plot(y="C", kind="bar", width=0.3)
plt.show()
```

执行结果如图 4-18 所示。

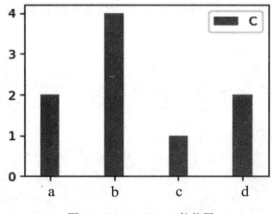

图 4-3-18　DataFrame 柱状图

4. DataFrame 画柱散点图

例 4-3-19　DataFrame 画散点图。

设置 DataFrame.plot(kind="scatter")可以画散点图。程序如下：

```
import numpy as np
import pandas as pd
import matplotlib.pyplot as plt
d=pd.DataFrame(np.array([[0, 0], [1, 2], [3, 1], [5, 7], [6, 8], [8, 7]]), index=list("ABCDEF"), columns=["X", "Y"])
d.plot(x="X", y="Y", kind="scatter")
plt.show()
```

执行结果如图 4-19 所示。

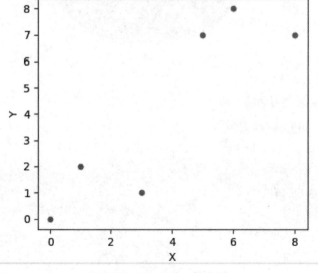

图 4-19　DataFrame 散点图

综合任务　学生成绩分析

一、项目背景

学生的成绩数据分析是大家比较熟悉的应用,这个项目模拟50个学生的语文(Chinese)、数学(Math)、英语(English)三科的成绩,存储在 DataFrame 中,使用学生的编号["01", "02", …, "50"]作为 index,项目完成下面任务:

(1) 构建学生数据表;

(2) 统计最高与最低成绩;

(3) 各科成绩与总成绩分别进行排序;

(4) 统计[0, 60)、[60, 80)、[80, 100]各个分数段的学生人数,画出饼图。

二、项目实现

1. 构建学生数据表

假设语文(Chinese)、数学(Math)、英语(English)三科的成绩是正态分布,平均值分别是70、80、75 分,方差都是 10,那么使用 NumPy 的 random.normal 函数就可以构建这些成绩,程序如下:

```
chinese=np.floor(np.random.normal(70, 10, 50))
math=np.floor(np.floor(np.random.normal(80, 10, 50)))
english=np.floor(np.random.normal(75, 10, 50))
```

但是 normal 函数随机产生的值可能超过 100,也可能低于 0,这些都是无效成绩,因此还要处理这类的成绩值,我们把超过 100 的设置为 100,低于 0 的设置为 0,以 Chinese 为例,处理方法如下:

```
chinese[chinese>100]=100
chinese[chinese<0]=0
```

根据这些规则,就可以编写如下成绩表程序代码:

```
import numpy as np
import pandas as pd

def createGrades():
    index=[]
    for i in range(1, N+1):
        index.append(str(i) if i>9 else "0"+str(i))
```

```
G=pd.DataFrame(np.zeros((50, 4)), columns=["chinese", "math", "english", "total"],
                    index=index)
G.chinese=np.floor(np.random.normal(70, 10, 50))
G.math=np.floor(np.floor(np.random.normal(80, 10, 50)))
G.english=np.floor(np.random.normal(75, 10, 50))
G.chinese[G.chinese>100]=100
G.chinese[G.chinese<0]=0
G.math[G.math>100]=100
G.math[G.math<0]=0
G.english[G.english>100]=100
G.english[G.english<0]=0
G.total=G.chinese+G.math+G.english
return G
```

成绩表是 **G**，total 是三科总分，执行成绩数据结果如下(每次执行不同)：

	chinese	math	english	total
01	79.0	77.0	73.0	229.0
02	64.0	83.0	86.0	233.0
......				
49	70.0	72.0	89.0	231.0
50	63.0	90.0	96.0	249.0

2. 统计最高与最低成绩

成绩表 G，使用 G.chinese.max()得到 Chinese 最高成绩，该成绩可能有多个学生，使用 G.query("chinese=chinese.max()")获取这些学生数据，其他科目类似。程序如下：

```
import numpy as np
import pandas as pd

# 省略 createGrades()

def    maxMinGrades():
    print("语文最高分学生：")
    print(G.query("chinese==chinese.max()"))
    print("语文最低分学生：")
    print(G.query("chinese==chinese.min()"))
    print("数学最高分学生：")
    print(G.query("math==math.max()"))
    print("数学最低分学生：")
    print(G.query("math==math.min()"))
```

```
        print("英语最高分学生：")
        print(G.query("english==english.max()"))
        print("英语最低分学生：")
        print(G.query("english==english.min()"))
        print("总分最高分学生：")
        print(G.query("total==total.max()"))
        print("总分最低分学生：")
        print(G.query("total==total.min()"))


N=50
G=createGrades()
maxMinGrades()
```

执行结果如下：

语文最高分学生：

	chinese	math	english	total
19	93.0	85.0	84.0	262.0

语文最低分学生：

	chinese	math	english	total
38	41.0	76.0	87.0	204.0

数学最高分学生：

	chinese	math	english	total
07	82.0	100.0	82.0	264.0
23	70.0	100.0	89.0	259.0

数学最低分学生：

	chinese	math	english	total
21	67.0	51.0	100.0	218.0

英语最高分学生：

	chinese	math	english	total
21	67.0	51.0	100.0	218.0

英语最低分学生：

	chinese	math	english	total
47	60.0	81.0	56.0	197.0

总分最高分学生：

	chinese	math	english	total
07	82.0	100.0	82.0	264.0

总分最低分学生：

	chinese	math	english	total
32	66.0	63.0	59.0	188.0

3. 成绩排序输出

使用 sort_values 对成绩进行排序，例如 G.sort_values(by="chinese", ascending=False)对语文成绩从高到低进行排序，其他科目类似。程序如下：

```python
import numpy as np
import pandas as pd

# 省略 createGrades()

def sortGrades():
    print("语文成绩排序：")
    print(G.sort_values(by="chinese", ascending=False).chinese)
    print("数学成绩排序：")
    print(G.sort_values(by="math", ascending=False).math)
    print("英语成绩排序：")
    print(G.sort_values(by="english", ascending=False).english)
    print("总分成绩排序：")
    print(G.sort_values(by="total", ascending=False).total)

N=50
G=createGrades()
sortGrades()
```

4. 分数段统计并画饼图

(1) 分数段统计。

统计[0, 60)、[60, 80)、[80, 100]各个分数段的学生人数，我们把统计的结果放在一个名称为 R 的 DataFrame 中，为了方便知道各个分数段的情况，设置 R.index 为["[0, 60)", "[60, 80)", "[80, 100]"]，以语文成绩为例，统计[60, 80)段的人数可以使用：

((G.chinese>=60) & (G.chinese<80)).sum()

其他成绩段统计类似。程序如下：

```python
import numpy as np
import pandas as pd

# 省略 createGrades()
def rangeGrades():
    index = ["[0, 60)", "[60, 80)", "[80, 100]"]
    R=pd.DataFrame(np.zeros((len(index), 3)),
                    columns=["chinese", "math", "english"], index=index)
    R.loc["[0, 60)", "chinese"]=(G.chinese<60).sum()
```

```
        R.loc["[60, 80)", "chinese"] = ((G.chinese >= 60) & (G.chinese < 80)).sum()
        R.loc["[80, 100]", "chinese"] = (G.chinese >= 80).sum()
        R.loc["[0, 60)", "math"]=(G.math<60).sum()
        R.loc["[60, 80)", "math"] = ((G.math >= 60) & (G.math < 80)).sum()
        R.loc["[80, 100]", "math"] = (G.math >= 80).sum()
        R.loc["[0, 60)", "english"] = (G.english < 60).sum()
        R.loc["[60, 80)", "english"] = ((G.english >= 60) & (G.english < 80)).sum()
        R.loc["[80, 100]", "english"] = (G.english >= 80).sum()
        return R


N=50
G=createGrades()
R=rangeGrades()
print(R)
```

执行结果如下：

	chinese	math	english
[0, 60)	10.0	2.0	4.0
[60, 80)	35.0	20.0	29.0
[80, 100]	5.0	28.0	17.0

(2) 画分数段饼图。

根据 R 的值很容易画出饼图，使用 DataFrame.plot 的程序如下：

```
def rangePies():
    R.plot(y="chinese", kind="pie", autopct='%.2f%%')
    R.plot(y="math", kind="pie", autopct='%.2f%%')
    R.plot(y="english", kind="pie", autopct='%.2f%%')
    plt.show()
```

执行结果如图 4-20 所示，是 Chinese 的分数段分布饼图。

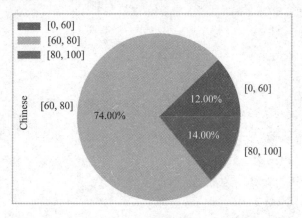

图 4-20　分数段饼图

三、程序代码

组合前面各个功能模块，编写程序如下：

```python
import numpy as np
import pandas as pd
import matplotlib.pyplot as plt

def createGrades():
    index=[]
    for i in range(1, N+1):
        index.append(str(i) if i>9 else "0"+str(i))
    G=pd.DataFrame(np.zeros((50, 4)),
            columns=["chinese", "math", "english", "total"], index=index)
    G.chinese=np.floor(np.random.normal(70, 10, 50))
    G.math=np.floor(np.floor(np.random.normal(80, 10, 50)))
    G.english=np.floor(np.random.normal(75, 10, 50))
    G.chinese[G.chinese>100]=100
    G.chinese[G.chinese<0]=0
    G.math[G.math>100]=100
    G.math[G.math<0]=0
    G.english[G.english>100]=100
    G.english[G.english<0]=0
    G.total=G.chinese+G.math+G.english
    return G

def maxMinGrades():
    print("语文最高分学生：")
    print(G.query("chinese==chinese.max()"))
    print("语文最低分学生：")
    print(G.query("chinese==chinese.min()"))
    print("数学最高分学生：")
    print(G.query("math==math.max()"))
    print("数学最低分学生：")
    print(G.query("math==math.min()"))
    print("英语最高分学生：")
    print(G.query("english==english.max()"))
    print("英语最低分学生：")
    print(G.query("english==english.min()"))
```

```
        print("总分最高分学生：")
        print(G.query("total==total.max()"))
        print("总分最低分学生：")
        print(G.query("total==total.min()"))


def sortGrades():
        print("语文成绩排序：")
        print(G.sort_values(by="chinese", ascending=False).chinese)
        print("数学成绩排序：")
        print(G.sort_values(by="math", ascending=False).math)
        print("英语成绩排序：")
        print(G.sort_values(by="english", ascending=False).english)
        print("总分成绩排序：")
        print(G.sort_values(by="total", ascending=False).total)


def rangeGrades():
        index = ["[0, 60)", "[60, 80)", "[80, 100]"]
        R=pd.DataFrame(np.zeros((len(index), 3)),
                            columns=["chinese", "math", "english"], index=index)
        R.loc["[0, 60)", "chinese"]=(G.chinese<60).sum()
        R.loc["[60, 80)", "chinese"] = ((G.chinese >= 60) & (G.chinese < 80)).sum()
        R.loc["[80, 100]", "chinese"] = (G.chinese >= 80).sum()
        R.loc["[0, 60)", "math"]=(G.math<60).sum()
        R.loc["[60, 80)", "math"] = ((G.math >= 60) & (G.math < 80)).sum()
        R.loc["[80, 100]", "math"] = (G.math >= 80).sum()
        R.loc["[0, 60)", "english"] = (G.english < 60).sum()
        R.loc["[60, 80)", "english"] = ((G.english >= 60) & (G.english < 80)).sum()
        R.loc["[80, 100]", "english"] = (G.english >= 80).sum()
        return R


def rangePies():
        R.plot(y="chinese", kind="pie", autopct='%.2f%%')
        R.plot(y="math", kind="pie", autopct='%.2f%%')
        R.plot(y="english", kind="pie", autopct='%.2f%%')
        plt.show()


N=50
G=createGrades()
```

```
maxMinGrades()
sortGrades()
R=rangeGrades()
print(R)
rangePies()
```

练 习

1．使用 NumPy 创建下列 100 个元素的数组。

(1) 值全是 0；

(2) 值全是 1；

(3) 值是(0～1)之间的随机数；

(4) 值是(1～100)之间随机整数；

(5) 值在(0, 10)之间的均匀分布。

2．一维的 NumPy 数组 a=numpy.array([1, 2, 3])与列表 b=[1, 2, 3]有什么区别？它们之间怎样转换？

3．数组 a=numpy.array([[1, 2, 3]])、b=numpy.array([1, 2, 3])、c=numpy.array([[1], [2], [3]])有什么不同？

4．完成下列数组的拼接：

(1) 数组 a=numpy.arange(12).reahspe(3, 4)与 b=numpy.arange(9).reahspe(3, 3)，把它们按列方向拼接在一起，变成 shape(3, 7)的数组；

(2) 数组 a=numpy.arange(12).reahspe(3, 4)与 b=numpy.arange(8).reahspe(2, 4)，把它们按行方向拼接在一起，变成 shape(5, 4)的数组。

5．有一个随机值数组 a=numpy.random.random((4, 5))，计算：

(1) 数组的最大值、最小值、平均值；

(2) 每行的最大值、最小值、平均值；

(3) 每列的最大值、最小值、平均值。

6．有一个随机值数组 a=numpy.random.random((4, 5))，截取：

(1) 前面 2 行与所有列组成的数组；

(2) 后面两列与全部行组成的数组；

(3) 中间两行与左右两列组成的数组。

7．Series 与 DataFrame 有什么不同？

8．有学生名单 Name=['A', 'B', 'C', 'D']、性别 Sex=['男', '女', '男', '女']、年龄 Age=[20, 21, 22, 19]数据列表，使用 Name、Sex、Age 为列组成一个 3 列的 DataFrame，完成：

(1) 增加一个新的学生('E', '女', 20)；

(2) 获取所有男生的记录；

(3) 每个人的年龄都增加 1 岁；

(4) 使用 Age 进行排序；

(5) 增加一个新的列 Tel，并设置 A 同学的 Tel 为 None，其它同学的 Tel 为 8888。

9. 有一个 DataFrame，数据列有 X、Y 两列，有 100 行数据，元素数值在(0, 10)之间，其中 X、Y 列中有部分数据是 NaN 空值，完成：

(1) 显示所有 X、Y 值都为 NaN 的数据行；

(2) 删除所有 X、Y 值都为 NaN 的数据行；

(3) 如果 X 为 NaN 就用同行的 Y 值替换，如果 Y 为 NaN 就用同行的 X 值替换；

(4) 画出(X, Y)的散点图。

10. 画出一次函数 y=x、二次函数 y=x*x 在(−1, 1)区间的曲线图，要求：

(1) 在同一个图中画出两条曲线；

(2) 在两个不同的子图中画出两条曲线。

11. 随机变量 X、Y 都服从平均值为 1、方差为 2 的正态分布，分别随机产生 200 个 X 与 Y 的数据，画出散点图，观察散点图有什么特征。

项目 5　Python 机器学习基础

　　Python 在机器学习中应用广泛，一个主要的原因是 Python 的数据结构、数据分析、机器学习等库十分丰富而且功能强大。目前机器学习实际上主要是基于统计的计算，例如线性回归就是一种简单的机器学习，分类也是一种机器学习。机器学习的一个很大的目的就是基于原始的数据进行统计计算，找出其中的规律，然后对新的数据进行预测。例如有很多因素影响一个城市的房价，通过大量采集这些特征参数与房价数据，找出房价与这些特征参数的规律，今后在已知一组特征参数的情况下，对房价进行预判。通过本项目我们可以了解机器学习的基本知识。

　　本项目主要的学习目标如下：

　　(1) 掌握机器学习的基本概念；

　　(2) 掌握机器学习中训练数据与测试数据的预处理方法；

　　(3) 掌握 K-means 分类算法的思想与程序实现方法；

　　(4) 掌握 KNN 分类算法的思想与程序实现方法；

　　(5) 掌握线性回归算法的思想与程序实现方法；

　　(6) 掌握 Python 的机器学习库 sklearn 的基本应用。

任务 5.1　机器学习简介

5.1.1　机器学习概述

　　机器学习的核心是"用算法解析数据并从中学习，然后对新的数据输入做出预测。"这意味着，你无须通过计算机编程来执行任务，而是教计算机如何开发算法来完成任务。机器学习主要有监督学习与无监督学习。

1. 监督学习

　　监督学习涉及标注数据，计算机可以通过提供的数据来识别新的样本。监督学习的两种主要类型——分类和回归。在分类中，训练的机器将一组数据分成特定的类别，判断新的数据属于哪个类别。比如邮箱的垃圾邮件过滤器，过滤器分析之前标记为垃圾邮件与正常邮件，新邮件到来时与垃圾邮件的特征进行比较，判断它是否为垃圾邮件。在回归中，机器使用先前标注的数据来预测未来。比如天气对航班的影响程度。根据相关历史数据总结出天气对航班延误时长的影响，在将来类似天气状况下对航班的延误做出预测。

2. 无监督学习

在无监督学习中，数据是未标注的。现实中大多数的数据都是未标注的，因此这些算法特别有用。无监督学习分为聚类和降维。聚类是根据属性和行为对象进行分组。这与分类不同，因为这些组预先是不知道的。聚类将一个组划分为不同的子组。降维是通过查找共性来减少数据集的变量，大多数数据可视化使用降维来识别趋势和规则。

在机器学习中，一个数据 X 被称为一个样本，它通常是一个多维的向量，例如 $X = (X_1, X_2)$ 是一个二维的向量，对应平面上一个点；$X = (X_1, X_2, X_3)$ 是一个三维的向量，对应空间一个点；$X = (X_1, X_2, X_3, X_4)$ 是一个四维的向量，对应四维空间的一个点。

5.1.2 K-means 聚类算法简介

K-means 聚类是典型的无监督学习，它的基本思想就是"物以类聚"，把相似特征的样本归为一类，聚类算法是一种典型的无监督学习算法，主要用于将相似的样本自动归到一个类别中。

我们以平面上的点按邻近程度进行分类为例，说明 K-means 的算法思想与过程。例如平面上有 A(0, 0)、B(1, 2)、C(3, 1)、D(5, 7)、E(6, 8)、F(8, 7) 6 个点，如果要按邻近程度将它们分成 2 类，应该怎么样划分？哪些点属于第一类？哪些点属于第二类？

1. 直观的分类

要了解它们的基本分类可以画出它们的散点图，根据散点图直观地判断各个点的分类。把这些点放在一个 DataFrame 中，它的 index 设置为 list("ABCDEF") 的 6 个值列表，columns 为 "X" "Y" 两个列，代表每个点的坐标，使用下面程序完成这个工作。

```python
import numpy as np
import pandas as pd
import matplotlib.pyplot as plt
p=pd.DataFrame(np.array([[0, 0], [1, 2], [3, 1], [5, 7], [6, 8], [8, 7]]),
               index=list("ABCDEF"),
               columns=["X", "Y"])
p.plot(x="X", y="Y", kind="scatter")
for i in p.index:
    plt.annotate(i, xy = (p.loc[i, "X"], p.loc[i, "Y"]),
                 xytext = (p.loc[i, "X"]+0.1, p.loc[i, "Y"]+0.1))
plt.show()
```

在画出散点图时，每个点的坐标位置边上使用 annotate 绘出点的名称，执行结果如图 5-1 所示。

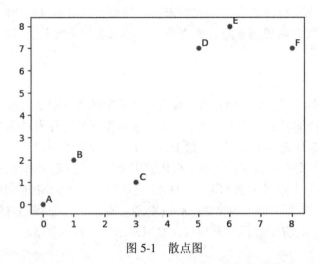

图 5-1　散点图

从图中可以直观地看到 A、B、C 各点之间是比较邻近的，而 D、E、F 各点之间是比较邻近的，因此应该把 A、B、C 三个点分成一类，把 D、E、F 三个点分成一类。

2. K-means 分类算法的思想

通过散点图可以清楚看到这些点应该怎样分成 2 类，那么计算机怎样通过一定的算法进行分类呢？下面就是 K-means 的算法思想：

(1) 确定要把 A、B、C、D、E、F 分成 2 个类。

(2) 在这些点中任意取两个点(例如 A、B)作为每个类的临时中心点 U、V，初始化 clusterU={U}、clusterV={V} 为两个分类集合。

(3) 计算每个点到 U 点与 V 点的距离，排列这些距离并考察每个点 X 到 U、V 点的距离。如果 X 点离 U 点的距离比离 V 点的距离小，就把点 X 归于 clusterU 类，不然就归于 clusertV 类。这样一次计算后就把这些点分成了新的 clusterU、clusterV 两个集合。

(4) 重新计算 clusterU 的中心点 U，X 坐标是集合中所有点的 X 坐标的平均值，Y 坐标是集合中所有点的 Y 坐标的平均值，这样就得到了 clusterU 新的中心点 U。同样的方法也可得到 clusterV 新的中心点 V。

(5) 再次计算各个点到新的 U、V 点的距离，然后得到新的划分 clusterU 与 clusterV ……这个过程一直重复下去，直到某次新的划分 clusterU、clusetrV 与上次的划分没有什么不同，或者已经迭代了足够的次数，那么最后的 clusterU 与 clusertV 就是所求。

3. K-means 分类算法实现

根据 K-means 算法思想，我们借助 Python 程序来完成这些步骤。

(1) 数据初始化。

设计点 p 的 DataFrame：

```
p=pd.DataFrame(np.array([[0, 0], [1, 2], [3, 1], [5, 7], [6, 8], [8, 7]]),
    index=list("ABCDEF"), columns=["X", "Y"])
```

(2) 选取类的中心点 U 与 V。

选取 A、B 为初始化的 U、V 点：

```
U=p.loc["A", :]
V=p.loc["B", :]
```

设计一个距离 d 的 DataFrame，程序如下：

```
d=pd.DataFrame(np.empty((6, 2)), columns=["U", "V"], index=list("ABCDEF"))
```

(3) 计算各个点到 U、V 点的距离。

两个点(U，V)的距离通过距离公式计算，其中 distance(U，V)函数计算这个距离，编写如下程序代码计算各个点到 U、V 点的距离。

```
import numpy as np
import pandas as pd
import math

def distance(u, v):
    return math.sqrt((u.X-v.X)**2+(u.Y-v.Y)**2)

p=pd.DataFrame(np.array([[0, 0], [1, 2], [3, 1], [5, 7], [6, 8], [8, 7]]),
                index=list("ABCDEF"), columns=["X", "Y"])
U=p.loc["A", :]
V=p.loc["B", :]
d=pd.DataFrame(np.empty((6, 2)), columns=["U", "V"], index=list("ABCDEF"))
for id in p.index:
    d.loc[id, "U"]=distance(p.loc[id, :], U)
    d.loc[id, "V"] = distance(p.loc[id, :], V)
print(d)
clusterU=[]
clusterV=[]
for id in d.index:
    if d.loc[id, "U"]<d.loc[id, "V"]:
        clusterU.append(id)
    else:
        clusterV.append(id)
print("clusterU=", clusterU)
print("clusterV=", clusterV)
```

执行结果如下：

```
         U         V
A  0.000000  2.236068
B  2.236068  0.000000
C  3.162278  2.236068
D  8.602325  6.403124
```

```
E   10.000000   7.810250
F   10.630146   8.602325
clusterU= ['A']
clusterV= ['B', 'C', 'D', 'E', 'F']
```

从这个结果逐个去考察每个点,例如 C 点到 U、V 点的距离是 3.162278、2.236068,因此 C 点应该归于 clusertV 类,结果 clusterU= ['A'],clusterV= ['B', 'C', 'D', 'E', 'F']。

(4) 计算各个类的新的中心。

再次计算 clusertU、clusterV 的中心,显然:

```
U=p.loc[clusterU, :].mean()
V=p.loc[clusterV, :].mean()
```

(5) 递归循环。

新的中心点 U、V 确定后再次计算各个点到新的 U、V 点的距离,然后得到新的划分,程序一直重复下去,直到划分稳定为止。

例 5-1-1 K-means 对 A(0, 0)、B(1, 2)、C(3, 1)、D(5, 7)、E(6, 8)、F(8, 7)点分 2 类。

根据这样的思想,设计 prev_clusterU、prev_clussterV 为上一次的一个划分集合,每次产生的新划分 clusterU、clusterV 都与它上次的比较,如果一样就停止程序。程序如下:

```python
import numpy as np
import pandas as pd
import math


def distance(u, v):
    return math.sqrt((u.X-v.X)**2+(u.Y-v.Y)**2)


p=pd.DataFrame(np.array([[0, 0], [1, 2], [3, 1], [5, 7], [6, 8], [8, 7]]),
               index=list("ABCDEF"), columns=["X", "Y"])
U=p.loc["A", :]
V=p.loc["B", :]
prev_clusterU = set()
prev_clusterV = set()
count=0
while True:
    count+=1
    d=pd.DataFrame(np.empty((6, 2)), columns=["U", "V"], index=list("ABCDEF"))
    for id in p.index:
        d.loc[id, "U"]=distance(p.loc[id, :], U)
        d.loc[id, "V"] = distance(p.loc[id, :], V)
    print(d)
    clusterU=[]
```

```
            clusterV=[]
            for id in d.index:
                if d.loc[id, "U"]<d.loc[id, "V"]:
                    clusterU.append(id)
                else:
                    clusterV.append(id)
            print("clusterU=", clusterU)
            print("clusterV=", clusterV)
            if set(clusterU)==prev_clusterU:
                print(count, " Done!")
                break
            U=p.loc[clusterU, :].mean()
            V=p.loc[clusterV, :].mean()
            print("New Center: U(%.2f, %.2f), V(%.2f, %.2f)" %(U.X, U.Y, V.X, V.Y))
            prev_clusterU=set(clusterU)
            prev_clusterV=set(clusterV)
```

执行结果如下：

	U	V
A	0.000000	2.236068
B	2.236068	0.000000
C	3.162278	2.236068
D	8.602325	6.403124
E	10.000000	7.810250
F	10.630146	8.602325

clusterU= ['A']

clusterV= ['B', 'C', 'D', 'E', 'F']

New Center: U(0.00, 0.00), V(4.60, 5.00)

	U	V
A	0.000000	6.794115
B	2.236068	4.686150
C	3.162278	4.308132
D	8.602325	2.039608
E	10.000000	3.410589
F	10.630146	3.944617

clusterU= ['A', 'B', 'C']

clusterV= ['D', 'E', 'F']

New Center: U(1.33, 1.00), V(6.33, 7.33)

```
         U          V
A    1.666667   9.689628
B    1.054093   7.542472
C    1.666667   7.156970
D    7.031674   1.374369
E    8.412953   0.745356
F    8.969083   1.699673
clusterU= ['A', 'B', 'C']
clusterV= ['D', 'E', 'F']
3   Done!
```

由此可见这个过程进行 3 次迭代就得到稳定的划分 clusterU= ['A', 'B', 'C']、clusterV= ['D', 'E', 'F']，这与使用散点图的直观划分是一致的。

如果选取不同的初始点会怎样呢？这个程序如果选取 A、D 点为初始点，即设置：

```
U=p.loc["A", :]
V=p.loc["D", :]
```

我们发现经过 2 次的迭代后就得到了稳定的划分，结果是一样的，如下所示：

```
          U           V
A     0.000000    8.602325
B     2.236068    6.403124
C     3.162278    6.324555
D     8.602325    0.000000
E    10.000000    1.414214
F    10.630146    3.000000
clusterU= ['A', 'B', 'C']
clusterV= ['D', 'E', 'F']
New Center: U(1.33, 1.00), V(6.33, 7.33)
          U           V
A     1.666667    9.689628
B     1.054093    7.542472
C     1.666667    7.156970
D     7.031674    1.374369
E     8.412953    0.745356
F     8.969083    1.699673
clusterU= ['A', 'B', 'C']
clusterV= ['D', 'E', 'F']
2   Done!
```

实际上一个好的 K-means 算法应该是不受初始点划分的影响的，即无论选取什么样的初始点，最后结果都应该是一样的，初始点选取的不同只影响程序的迭代快慢。

实际应用中每个样本点不一定是平面上的一个二维点,可以是任意多维的一个特征向量,除了距离计算公式不同外,基本的算法思想是一致的。

5.1.3 KNN 分类算法简介

KNN(K-Nearest Neighbor,K 邻近算法)是一种有监督的学习,它的工作原理大体是:存在一个样本数据集合,也称为训练样本集,并且样本集中每个数据都已经分好类,现在输入一个没有分类的数据后,将新数据中的每个特征与样本集中数据对应的特征进行比较,提取出样本集中特征最相似数据(最近邻)的分类,把这个新样本归属到同一个类中。一般来说,我们只选择样本数据集中前 K 个最相似的数据,这就是 K 邻近算法中 K 的出处。

1. 直观的分类

我们仍然以 K-means 中的那 6 个点 A(0, 0)、B(1, 2)、C(3, 1)、D(5, 7)、E(6, 8)、F(8, 7)为例,现在已经知道 clusterU={A, B, C}是一类,clusterV={D, E, F}是另外一类,现在有一个新的点 Q(4, 5),那么这个点应该属于 clusterU 类还是 clusterV 类?画出这些点的散点图,可以直观地观察 Q 点属于哪个类更加合理,程序如下:

```python
import numpy as np
import pandas as pd
import matplotlib.pyplot as plt
p=pd.DataFrame(np.array([[0, 0], [1, 2], [3, 1], [5, 7], [6, 8], [8, 7], [4, 5]]), index=list("ABCDEFQ"), columns=["X", "Y"])
p.plot(x="X", y="Y", kind="scatter")
for i in p.index:
    plt.annotate(i, xy = (p.loc[i, "X"], p.loc[i, "Y"]), xytext = (p.loc[i, "X"]+0.1, p.loc[i, "Y"]+0.1))
plt.show()
```

执行结果如图 5-2 所示,从图中大概可以看出 Q 点离(D, E, F)这个类要近一些,离(A, B, C)这个类要远一些,因此把 Q 点归于(D, E, F)这个类应该更加合理。

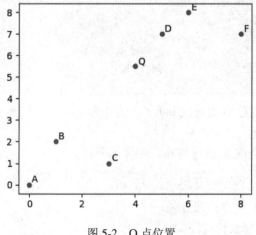

图 5-2 Q 点位置

2. KNN 算法思想

KNN 的基本算法思想：

(1) 已经有分类 clusterU={A, B, C}是一类，clusterV={D, E, F}是另外一类，现在有一个新的点 Q(x, y)，要确定 Q 点属于哪一类的可能性大。

(2) 计算 Q 点到 A、B、C、D、E、F 各点的距离，把这些距离从小到大进行排序，选取其中的 K 个。

(3) 计算这 K 个最小距离的点中属于 clusterU 的数目 u，属于 clusterV 的数目是 K−u，如果 u > K−u，那么 Q 点离 clusterU 这个类的距离总体小于离 clusterV 类的距离，可以大概率判断 Q 点应该属于 clusterU 类，反之 Q 点则属于 clusertV 类。

KNN 算法的一个重要参数是这个 K 值，如果 K 值太小，那么出现偶然性的概率过大，判断会不准确。但是如果过大，会把一些离 Q 点很远的点都计算在内了，干扰了 Q 点的归属判断，因此这个 K 值要合适。

3. KNN 算法实现

(1) 初始化数据。

设计一个 p 的 DataFrame 存储各个点，程序如下：

```
p=pd.DataFrame(np.array([[0, 0], [1, 2], [3, 1], [5, 7], [6, 8], [8, 7]]),
               index=list("ABCDEF"), columns=["X", "Y"])
```

初始化 Q 点以及 clusterU、clusterV 分类：

```
Q=pd.Series([4, 5.5], index=["X", "Y"])
clusterU=["A", "B", "C"]
clusterV=["D", "E", "F"]
```

(2) 计算距离。

设计一个距离 d 的 DataFrame，它是 Q 点到各个点的距离，程序如下：

```
d=pd.DataFrame(np.empty((6, 2)), index=list("ABCDEF"), columns=["distance", "cluster"])
d.loc[clusterU, "cluster"]="clusterU"
d.loc[clusterV, "cluster"]="clusterV"
for id in d.index:
    d.loc[id, "distance"]=distance(Q, p.loc[id, :])
print(d)
```

其中 d 的 distance 是 Q 点到对应 index 点的距离，cluster 是 index 的分类。

(3) 距离排序并判断。

对距离进行排序，选取 K 进行判断，程序如下：

```
d=d.sort_values(by="distance")
```

例 5-1-2　KNN 预测样本点的分类。

根据这些规则，KNN 设计程序如下：

```python
import numpy as np
import pandas as pd
import math
def distance(u, v):
    return math.sqrt((u.X-v.X)**2+(u.Y-v.Y)**2)


p=pd.DataFrame(np.array([[0, 0], [1, 2], [3, 1], [5, 7], [6, 8], [8, 7]]),
                        index=list("ABCDEF"), columns=["X", "Y"])
Q=pd.Series([4, 5], index=["X", "Y"])
clusterU=["A", "B", "C"]
clusterV=["D", "E", "F"]
d=pd.DataFrame(np.empty((6, 2)), index=list("ABCDEF"), columns=["distance", "cluster"])
d.loc[clusterU, "cluster"]="clusterU"
d.loc[clusterV, "cluster"]="clusterV"
for id in d.index:
    d.loc[id, "distance"]=distance(Q, p.loc[id, :])
d=d.sort_values(by="distance")
print(d)
for K in range(1, 7):
    u=0
    for i in range(K):
        if d.iloc[i, 1]=="clusterU":
            u=u+1
    if u>=K-u:
        print("K=%d, Q 属于 clusterU, 概率:%.2f%%" %(K, 100*u/K))
    else:
        print("K=%d, Q 属于 clusterV, 概率:%.2f%%" % (K, 100*(1-u / K)))
```

执行结果如下：

```
    distance    cluster
D   2.236068    clusterV
E   3.605551    clusterV
C   4.123106    clusterU
B   4.242641    clusterU
F   4.472136    clusterV
A   6.403124    clusterU
K=1, Q 属于 clusterV, 概率: 100.00%
K=2, Q 属于 clusterV, 概率: 100.00%
K=3, Q 属于 clusterV, 概率: 66.67%
```

K=4, Q 属于 clusterU, 概率: 50.00%

K=5, Q 属于 clusterV, 概率: 60.00%

K=6, Q 属于 clusterU, 概率: 50.00%

由此可见在 K=1、2、3 时都有比较大的概率说明 Q 点应该属于 clusterV={D, E, F}这个类，如果 K 值再大就判断不准确了，例如 K=6，那么必定概率各占 50%，反而不好判断 Q 点的归属，因此一般 K 值不要太大。

5.1.4 线性回归算法简介

1. 线性回归思想

无论是 K-means 还是 KNN 都属于分类问题，即在一定的输入样本情况下，输出是一个离散的分类。在实际应用中有时还要求输出是一个连续的量值，线性回归就是这样一种数据模型。

如表 5-1 所示是某车间生产的零件尺寸 x 与耗材 y 之间的关系，尺寸 x 越大耗材 y 越大。

表 5-1 零件尺寸与耗材

x	1.	1.5	2.	2.5	3.	3.5	4.	4.5	5.	5.5	6.	6.5
y	5.6	5.5	6.7	8.3	10.	9.5	10.3	12.6	13.4	12.3	15.4	15.9

使用这些数据画出散点图。程序如下：

```
import numpy as np
import matplotlib.pyplot as plt
x=np.array([1., 1.5, 2., 2.5, 3., 3.5, 4., 4.5, 5., 5.5, 6., 6.5])
y=np.array([5.6, 5.5, 6.7, 8.3, 10., 9.5, 10.3, 12.6, 13.4, 12.3, 15.4, 15.9])
plt.scatter(x, y)
plt.show()
```

执行结果如图 5-3 所示，大致看到 y 与 x 几乎成线性增长的关系。

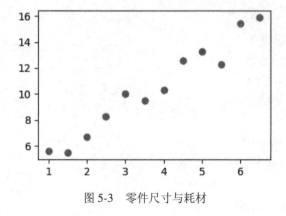

图 5-3 零件尺寸与耗材

2. 线性回归参数

我们猜想 y 与 x 基本上有一定的线性关系，即 y=ax+b，其中 a、b 是两个常数。那么怎样确定系数 a 与 b 呢？为了让这条直线与实际值最大程度吻合，数学上可以根据最小二乘法原理推导出 a 与 b 的值：

$$a = \frac{n\sum_{i=1}^{n}x_iy_i - \left(\sum_{i=1}^{n}x_i\right)\left(\sum_{i=1}^{n}y_i\right)}{n\sum_{i=1}^{n}x_i^2 - \left(\sum_{i=1}^{n}x_i\right)^2}$$

$$b = \frac{1}{n}\sum_{i=1}^{n}y_i - a\frac{1}{n}\sum_{i=1}^{n}x_i$$

其中，n 是样本数，这里 n = 12，x_i 是各个 x 序列值，y_i 是各个 y 序列值。

例 5-1-3　线性回归系数。

根据这个公式我们编写程序计算 a、b 的值，并画出 y = ax + b 的直线图，程序代码如下：

```
import numpy as np
import matplotlib.pyplot as plt
x=np.array([1., 1.5, 2., 2.5, 3., 3.5, 4., 4.5, 5., 5.5, 6., 6.5])
y=np.array([5.6, 5.5, 6.7, 8.3, 10., 9.5, 10.3, 12.6, 13.4, 12.3, 15.4, 15.9])
n=len(x)
xs=x.sum()
ys=y.sum()
xys=(x*y).sum()
x2s=(x*x).sum()
a=(n*xys-xs*ys)/(n*x2s-(xs*xs))
b=ys/n-a*xs/n
print("a=", a, " b=", b)
plt.scatter(x, y)
plt.plot(x, a*x+b)
plt.show()
```

执行结果如下：

a= 1.9244755244755232

b= 3.233216783216789

如图 5-4 所示，从图中看到 y = 1.9244755244755232x + 3.233216783216789 的直线能比较好地与实际值吻合。实际生产中可以使用这个公式预测生产一个零件所需要的耗材量，例如一个尺寸 x = 10 的耗材量估计是 y = 22.48。

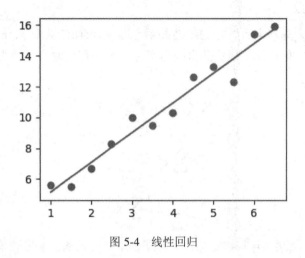

图 5-4   线性回归

3. 线性回归

评判一个线性回归的好坏经常使用平均方差(MSE，Mean Squared Error)它是通过线性回归方程 y=ax+b 计算的预测值与真实值的差的平方的平均值。这个值越小，说明预测越准确，线性回归越成功。

例 5-1-4   线性回归 MSE。

程序如下：

```
import numpy as np
x=np.array([1., 1.5, 2., 2.5, 3., 3.5, 4., 4.5, 5., 5.5, 6., 6.5])
y=np.array([5.6, 5.5, 6.7, 8.3, 10., 9.5, 10.3, 12.6, 13.4, 12.3, 15.4, 15.9])
n=len(x)
xs=x.sum()
ys=y.sum()
xys=(x*y).sum()
x2s=(x*x).sum()
a=(n*xys-xs*ys)/(n*x2s-(xs*xs))
b=ys/n-a*xs/n
MSE=0
for i in range(n):
    py=(a*x[i]+b-y[i])
    MSE+=py*py
print("MSE=", MSE/n)
```

执行结果如下：

MSE= 0.48384032634032553

这个 MSE 是比较小的，说明线性回归比较成功。

任务 5.2　机器学习库 sklearn 的应用

5.2.1　sklearn 的安装

在前面我们介绍了 K-means、KNN、线性回归的基本原理，在实际应用中它们的样本参数一般会比较复杂，例如样本的点数非常多，每个样本都有很多个特征值，使用前面介绍的方法自己再编写程序进行处理是比较困难的。实际上 Python 中的 sklearn 库已经包含了这些算法，我们只要安装 sklearn 并调用其中的函数就可以完成这些计算。

安装 sklearn 的方法很简单，在命令行中执行下面的命令就可完成安装：

```
pip install sklearn
```

5.2.2　K-means 算法的应用

在 sklearn 中有 KMeans 函数，使用时需先引入它，如下：

```
from sklearn.cluster import KMeans
```

在使用时一般先使用 KMeans 创建一个对象 KM：

```
KM=KMeans(n_clusters=K)
```

其中 n_clusters 就是选取的 K 值，然后使用 KM 调用 fit_predict 函数：

```
pred=KM.fit_predict(data)
```

其中 data 是一个样本数组，这个函数返回一个对象 pred，是对应数据 data 的一个分类数组，使用整数来表示各个分组，一般还使用 pred 作为散点图的颜色值来画散点图，这样可以直观地看到分组的情况。

例 5-2-1　使用 sklearn 改进例 5-1-1。

程序如下：

```
import matplotlib.pyplot as plt
from sklearn.cluster import KMeans
data=np.array([[0, 0], [1, 2], [3, 1], [5, 7], [6, 8], [8, 7]])
KM=KMeans(n_clusters=2)
pred=KM.fit_predict(data)
print(pred)
plt.scatter(data[pred==0, 0], data[pred==0, 1], marker="o")
plt.scatter(data[pred==1, 0], data[pred==1, 1], marker="+")
plt.show()
```

执行结果如下：

[0 0 0 1 1 1]

这个 pred 数组表明各个数据的分组情况，值为 0 的三个点[[0, 0], [1, 2], [3, 1]]分成一组，值为 1 的后面三个点[[5, 7], [6, 8], [8, 7]]分成另外一组，这个结果与我们前面的结论是一致的。程序使用如下代码：

```
plt.scatter(data[pred==0, 0], data[pred==0, 1], marker="o")
plt.scatter(data[pred==1, 0], data[pred==1, 1], marker="+")
```

进行画图时会根据 pred 值的不同把对应的点画成"•"或者"+"，以区别不同的组，如图 5-5 所示。

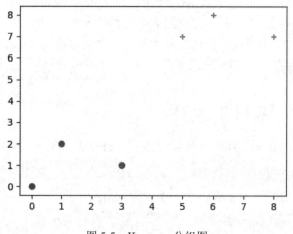

图 5-5　K-means 分组图

例 5-2-2　sklearn 的 K-means 测试。

(1) 数据准备。

设计三组正态分布的二维数据 a、b、c(之所以用二维数据是为了画图方便)。a 中心在 (1, 1)，方差为(2, 1)；b 中心在(8, 4)，方差为(1, 2)；c 中心在(2, 6)，方差为(1, 1)。每组产生 n=500 个点，画出散点图，程序如下：

```
import numpy as np
import matplotlib.pyplot as plt
n=500
a=np.random.normal((1, 1), (2, 1), (n, 2))
b=np.random.normal((8, 4), (1, 2), (n, 2))
c=np.random.normal((2, 6), (1, 1), (n, 2))
plt.scatter(a[:, 0], a[:, 1], c="r", marker="o")
plt.scatter(b[:, 0], b[:, 1], c="g", marker="+")
plt.scatter(c[:, 0], c[:, 1], c="y", marker="v")
plt.show()
```

执行结果如图 5-6 所示，从这个图明显看到 a、b、c 数据集中在各自的中心位置附近。

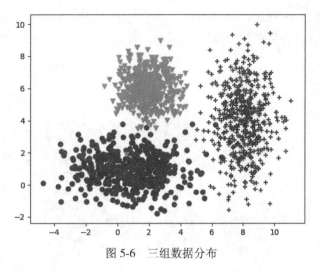

图 5-6 三组数据分布

(2) 测试 K-means。

如果我们把这些数据全部打乱顺序，然后再使用 K-means 对它们进行分组，看看是否能分出三组来，如果能分出来，说明 K-means 很成功。把 a、b、c 合成数据 d，再对 d 随机地调换顺序，然后使用 K-means 分组。程序如下：

```python
import numpy as np
import random
import matplotlib.pyplot as plt
from sklearn.cluster import KMeans
n=500
a=np.random.normal((1, 1), (2, 1), (n, 2))
b=np.random.normal((8, 4), (1, 2), (n, 2))
c=np.random.normal((2, 6), (1, 1), (n, 2))
m=3*n
d=np.concatenate((a, b, c), axis=0)
for k in range(m):
    i=random.randint(0, m-1)
    j = random.randint(0, m-1)
    t=d[i, :]
    d[i, :]=d[j, :]
    d[j, :]=t
km=KMeans(n_clusters=3)
pred=km.fit_predict(d)
plt.scatter(d[pred==0, 0], d[pred==0, 1], marker="o")
plt.scatter(d[pred==1, 0], d[pred==1, 1], marker="+")
plt.scatter(d[pred==2, 0], d[pred==2, 1], marker="v")
plt.show()
```

执行结果如图 5-7 所示，从图中的三个区域使用不同标志画出的散点图可以看出 K-means 成功对数据进行了分组，说明 K-means 很成功。

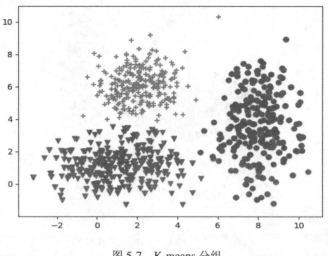

图 5-7　K-means 分组

5.2.3　KNN 算法的应用

在 sklearn 中有 KNN 函数，使用时需先引入它，如下：

```
from sklearn.neighbors import KNeighborsClassifier
```

在使用时一般先使用 KNeighborsClassifier 创建一个对象 KNN：

```
KNN=KNeighborsClassifier(n_neighbors=K)
```

其中 n_neighbors 就是选取的 K 值。

然后使用 KNN 调用 fit 函数：

```
KNN.fit(X, Y)
```

其中 X 是一个样本数组，Y 是与 X 对应的一个分类数组，每个 X 样本对应一个 Y 值，表明这个 X 样本是属于哪个分类组的。

最后使用 KNN.predict(Z)和 KNN.predict_proba(Z)预测 Z 样本应该属于哪个组和属于各个组的概率。

例 5-2-3　使用 sklearn 改进例 5-1-2。

程序如下：

```
import numpy as np
from sklearn.neighbors import KNeighborsClassifier
X=np.array([[0, 0], [1, 2], [3, 1], [5, 7], [6, 8], [8, 7]])
Y = np.array([1, 1, 1, 2, 2, 2])
Q=[[4, 5]]
for K in range(1, 7):
    KNN=KNeighborsClassifier(n_neighbors=K)
```

```
        KNN.fit(X, Y)
        pred=KNN.predict(Q)
        prob=KNN.predict_proba(Q)*100
        print("K=", K, pred, prob)
```

其中 X 是一个二维数组，它是已知的各个点坐标，Y 是一个一维数组，它是 X 各个点的分组状况，例如 X 中[0, 0]点在 1 组，[8, 7]点在 2 组。注意 Q=[[4, 5]]也是二维数组，因为 KNN可以预测很多点。执行结果如下：

```
        K= 1 [2] [[   0. 100.]]
        K= 2 [2] [[   0. 100.]]
        K= 3 [2] [[33.43333333 66.66666667]]
        K= 4 [1] [[50. 50.]]
        K= 5 [2] [[40. 60.]]
        K= 6 [1] [[50. 50.]]
```

由此可见在 K=1、2 时，有 100%的概率认为 Q 属于第 2 组(即{D, E, F}组)，在 K=3 时只有 66.67%的概率认为 Q 属于第 2 组。这些结果与前面我们自己编写程序执行的结果一致。

例 5-2-4　sklearn 的 KNN 测试。

(1) 数据准备。

在 sklearn 中引入 datasets，那么 iris=datasets.load_iris()会得到一组关于 iris 鸢尾花植物的分类数据，程序如下：

```
        from sklearn import datasets
        iris=datasets.load_iris()
        iris_X=iris.data
        print('X:', iris_X.shape)
        print(iris_X)
        iris_Y=iris.target
        print('Y:', iris_Y.shape)
        print(iris_Y)
```

执行结果如下：

```
        X: (150, 4)
        [[5.1 3.5 1.4 0.2]
         [4.9 3.  1.4 0.2]
         ......
        Y: (150, )
        [0 0 0 0 0 0 0 0 0 0 0 0 0 0 0 0 0 0 0 0 0 0 0 0 0 0 0 0 0 0 0 0 0 0 0 0
         0 0 0 0 0 0 0 0 0 0 0 0 0 0 1 1 1 1 1 1 1 1 1 1 1 1 1 1 1 1 1 1 1 1 1 1
         1 1 1 1 1 1 1 1 1 1 1 1 1 1 1 1 1 1 1 1 1 1 2 2 2 2 2 2 2 2 2 2 2
         2 2 2 2 2 2 2 2 2 2 2 2 2 2 2 2 2 2 2 2 2 2 2 2 2 2 2 2 2 2 2 2 2
         2 2]
```

观察这些数据发现，iris_X 是一个 150 行 4 列的数据，它是植物的特征数据，这些植物被分成 0、1、2 共 3 类。

如果把这 150 行数据分成两组，一组为(X_train, Y_train)，它们是给 KNN 做参考的训练数据，另外一组(X_test, Y_test)是做测试的数据，使用 KNN 预测 X_test 这些样本数据，看看它们都应该是什么分组，把这个预测值与实际的 Y_test 做对比，就知道 KNN 的预测准确率怎么样了。

我们可以使用 train_test_split 来对数据进行随机划分，程序如下：

```
from sklearn import datasets
from sklearn.model_selection import train_test_split
iris=datasets.load_iris()
iris_X=iris.data
print('X:', iris_X.shape)
iris_Y=iris.target
print('Y:', iris_Y.shape)
X_train, X_test, Y_train, Y_test=train_test_split(iris_X, iris_Y, test_size=0.3)
print(X_train.shape)
print(Y_train.shape)
print(X_test.shape)
print(Y_test.shape)
```

执行结果如下：

```
X: (150, 4)
Y: (150, )
(105, 4)
(105, )
(45, 4)
(45, )
```

其中 train_test_split(iris_X, iris_Y, test_size=0.3)把(iris_X, iris_Y)分成两个部分，测试数据占比 30%左右，即有 45 行的测试数据。

(2) 测试 KNN。

编写测试程序如下：

```
from sklearn import datasets
from sklearn.model_selection import train_test_split
from sklearn.neighbors import KNeighborsClassifier
iris=datasets.load_iris()
iris_X=iris.data
iris_Y=iris.target
X_train, X_test, Y_train, Y_test=train_test_split(iris_X, iris_Y, test_size=0.3)
```

```
knn=KNeighborsClassifier(n_neighbors=5)
knn.fit(X_train, Y_train)
result=knn.predict(X_test)
count=0
for i in range(len(result)):
    print("(", result[i], Y_test[i], ") ", end="")
    if result[i]==Y_test[i]:
        count+=1
    if (i+1)%10==0:
        print()
print()
print("准确率: %.2f%%" %(100*count/len(result)))
```

执行结果如下：

(1 1) (1 1) (2 2) (1 1) (1 1) (2 2) (2 2) (0 0) (2 1) (2 2)
(0 0) (2 2) (2 2) (1 1) (2 1) (1 1) (2 2) (1 1) (0 0) (1 1)
(0 0) (0 0) (1 1) (2 2) (0 0) (0 0) (2 2) (2 2) (0 0) (0 0)
(2 2) (0 0) (1 1) (1 1) (1 1) (1 1) (2 2) (0 0) (2 2) (0 0)
(0 0) (1 1) (2 2) (0 0) (0 0)

准确率: 95.56%

由此可见 KNN 的准确率还是很高的，说明很成功。

5.2.4　线性回归算法的应用

在 sklearn 中也有线性回归模型 linear_model 函数，在使用时需先引入：

```
from sklearn import linear_model
```

然后建立一个线性回归模型 model：

```
model = linear_model.LinearRegression()
```

使用 model 调用 fit 函数对 X、Y 样本参数进行回归：

```
model.fit(X, Y)
```

最后通过 model.intercept_ 获取截距，通过 model.coef_ 获取线性模型的系数。

例 5-2-5　使用 sklean 改进例 5-1-3。

根据 sklearn 的线性回归模型，编写程序如下：

```
import numpy as np
from sklearn import linear_model
model = linear_model.LinearRegression()
x=np.array([[1.], [1.5], [2.], [2.5], [3.], [3.5], [4.], [4.5], [5.], [5.5], [6.], [6.5]])
y=np.array([5.6, 5.5, 6.7, 8.3, 10., 9.5, 10.3, 12.6, 13.4, 12.3, 15.4, 15.9])
```

```
model.fit(x, y)
a=model.coef_
b=model.intercept_
print("a=", a, "b=", b)
```

执行结果与前面例 5-1-3 的结果是一致的：

```
a= [1.92447552] b= 3.233216783216786
```

注意：因为 sklearn 的线性回归模型适用于多参数的线性回归，所以 x 写成多维数组，得到的参数 model.coef_也是一个数组。

例 5-2-6   用线性回归测试商品销售量。

某商品在不同时期的销售量 Y 与商品的价格 X1、消费者的平均收入 X2 有关，一般 X1 越大 Y 越小，X2 越大 Y 越大，如表 5-2 所示是一组销售量数据。

表 5-2 销 售 量

参量	数 值									
X1	100	120	130	140	160	180	200	210	220	210
X2	1000	1100	1200	1400	1600	1700	2000	1900	1900	2000
Y	194.	193.	204.	240.	258.	248.	296.	259.	224.	277.
X1	200	190	220	240	250	270	280	300	310	310
X2	2100	2300	2300	2400	2500	2400	2500	2700	2800	2900
Y	327.	405.	342.	348.	357.	283.	290.	302.	316.	345.

这个是两个元素的线性回归，线性回归模型 $Z=a*X1+b*X2+c$，求出系数 a、b、c，在已知价格与收入的情况下预测销售量。使用 sklearn 的线性回归模型，编写程序如下：

```
import numpy as np
import matplotlib.pyplot as plt
from sklearn.linear_model import LinearRegression
from sklearn.metrics import mean_squared_error
X1=np.array([100, 120, 130, 140, 160, 180, 200, 210, 220, 210, 200, 190, 220, 240, 250, 270, 280,
300, 310, 310], dtype=np.float)
X2=np.array([1000, 1100, 1200, 1400, 1600, 1700, 2000, 1900, 1900, 2000, 2100, 2300, 2300, 2400,
2500, 2400, 2500, 2700, 2800, 2900], dtype=np.float)
Y=np.array([194., 193., 204., 240., 258., 248., 296., 259., 224., 277., 327., 405., 342., 348., 357., 283.,
290., 302., 316., 345.] , dtype=np.float)
X=np.concatenate((X1.reshape(-1, 1), X2.reshape(-1, 1)), axis=1)
model=LinearRegression()
model.fit(X, Y)
print(model.coef_)
print(model.intercept_)
```

```
Z=model.predict(X)
MSE=mean_squared_error(Y, Z)
print("MSE=", MSE)
print("%-8s%-8s" % ("Y", "Z"))
for i in range(len(Y)):
    print("%-8.2f%-8.2f" %(Y[i], Z[i]))
plt.scatter(Y, Y, marker="o", label="Y-Y")
plt.scatter(Y, Z, marker="+", label="Y-Z")
plt.legend()
plt.show()
```

执行结果如下：

[-1.96490061　0.29496795]

101.69914807302246

MSE= 24.751334685598362

Y	Z
194.00	200.18
193.00	190.38
204.00	200.22
240.00	239.57
258.00	259.26
248.00	249.46
296.00	298.65
259.00	249.51
224.00	229.86
277.00	279.01
327.00	328.15
405.00	406.79
342.00	347.85
348.00	338.05
357.00	347.89
283.00	279.10
290.00	288.95
302.00	308.64
316.00	318.49
345.00	347.99

其中得到线性回归方程 $Z=-1.96490061*X1+0.29496795*X2+101.69914807302246$，如图 5-8 所示画出原来 Y 值与预测值 Z 的散点图，从图中看到线性回归模型比较成功。

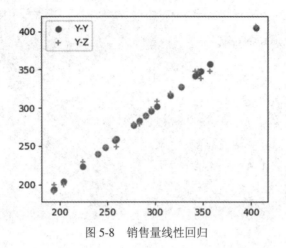

图 5-8　销售量线性回归

综合任务　城市房价的预测

一、项目背景

在 sklearn 的 datasets 中有一组波士顿房价的数据，使用 datasets.load_boston()获取波士顿房价的数据，编写如下的程序代码，观察这些数据：

```
from sklearn import datasets
loaded_data = datasets.load_boston()
data_X = loaded_data.data
data_Y = loaded_data.target
print(", ".join(loaded_data.feature_names))
print(data_X.shape)
print(data_X[:2])
print(data_Y.shape)
print(data_Y[:2])
```

执行结果如下：

CRIM, ZN, INDUS, CHAS, NOX, RM, AGE, DIS, RAD, TAX, PTRATIO, B, LSTAT

(506, 13)

[[6.3200e-03 1.8000e+01 2.3100e+00 0.0000e+00 5.3800e-01 6.5750e+00

　6.5200e+01 4.0900e+00 1.0000e+00 2.9600e+02 1.5300e+01 3.9690e+02

　4.9800e+00]

　[2.7310e-02 0.0000e+00 7.0700e+00 0.0000e+00 4.6900e-01 6.4210e+00

　7.8900e+01 4.9671e+00 2.0000e+00 2.4200e+02 1.7800e+01 3.9690e+02

　9.1400e+00]]

```
(506, )
```

```
[24.　21.6]
```

由此可见 data_X 是 506 行 13 列的数组，这 13 列的列表名称是 CRIM、ZN、INDUS、CHAS、NOX、RM、AGE、DIS、RAD、TAX、PTRATIO、B、LSTAT，它们是样本数据的各个特征值。data_Y 是一个有 506 个元素的列表。

二、项目实现

使用 train_test_split(data_X, data_Y, test_size=0.3)同样把数据分成训练数据(X_train, Y_train)与测试数据(X_test, Y_test)：

```
X_train, X_test, Y_train, Y_test=train_test_split(data_X, data_Y, test_size=0.3)
```

把数据放到 DataFrame 中，使用 corr()计算各个特征变量 feature_names 与房价 Y 的相关系数。程序如下：

```
import pandas as pd
from sklearn.model_selection import train_test_split
loaded_data = datasets.load_boston()
data_X = loaded_data.data
data_Y = loaded_data.target
X_train, X_test, Y_train, Y_test=train_test_split(data_X, data_Y, test_size=0.3)
d=pd.DataFrame(X_train, columns=loaded_data.feature_names)
d.loc[:, "Y"]=Y_train
c=d.corr()
print(c.Y)
```

执行结果如下：

```
CRIM       -0.412237
ZN          0.349238
INDUS      -0.496331
CHAS        0.152842
NOX        -0.442563
RM          0.707216
AGE        -0.406817
DIS         0.241702
RAD        -0.396047
TAX        -0.474188
PTRATIO    -0.507581
B           0.344364
LSTAT      -0.738957
Y           1.000000
Name: Y, dtype: float64
```

从结果看出各个变量与房价的关系比较大的有 RM、PTRATIO、LSTAT，编写如下程序代码，画出它们与 Y 的散点图：

```python
from sklearn import datasets
import pandas as pd
import matplotlib.pyplot as plt
from sklearn.model_selection import train_test_split
loaded_data = datasets.load_boston()
data_X = loaded_data.data
data_Y = loaded_data.target
X_train, X_test, Y_train, Y_test=train_test_split(data_X, data_Y, test_size=0.3)
d=pd.DataFrame(X_train, columns=loaded_data.feature_names)
d.loc[:, "Y"]=Y_train
plt.subplot(3, 1, 1)
plt.scatter(d.RM, d.Y, label="RM-Y")
plt.legend()
plt.subplot(3, 1, 2)
plt.scatter(d.PTRATIO, d.Y, label="PTRATIO")
plt.legend()
plt.subplot(3, 1, 3)
plt.scatter(d.LSTAT, d.Y, label="LSTAT-Y")
plt.legend()
plt.show()
```

执行结果如图 5-9 所示，从图中看出 Y 有随 RM 增大而增大的趋势，有随 LSTAT 增大而减少的趋势，但是随 PTRATIO 的变化不是很显著。

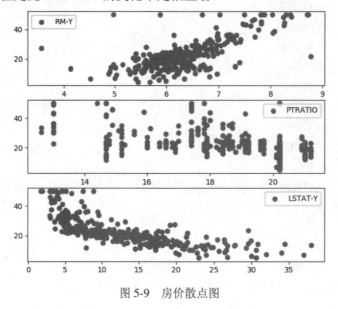

图 5-9 房价散点图

三、程序代码

使用 sklearn 的线性回归对(X_train, Y_train)进行回归，找出相应的回归系数，然后使用 X_test 进行预测得到 Y_pred，把 Y_pred 与原来的 Y_test 进行比较就可以看出预测的结果。程序如下：

```
from sklearn import datasets
from sklearn.model_selection import train_test_split
from sklearn import linear_model
import matplotlib.pyplot as plt
from sklearn.metrics import mean_squared_error

model = linear_model.LinearRegression()
loaded_data = datasets.load_boston()
data_X = loaded_data.data
data_Y = loaded_data.target
X_train, X_test, Y_train, Y_test=train_test_split(data_X, data_Y, test_size=0.2)
model = linear_model.LinearRegression()
model.fit(X_train, Y_train)
Y_pred=model.predict(X_test)
for i in range(len(Y_test)):
    print("(%6.2f %6.2f)"%(Y_pred[i], Y_test[i]), end=" ")
    if (i+1)%5==0:
        print()
print("\nMSE=", mean_squared_error(Y_test, Y_pred))
plt.scatter(Y_test, Y_test, c="r", marker="o")
plt.scatter(Y_test, Y_pred, c="g", marker="+")
plt.show()
```

执行结果如下：

```
(  5.48    8.80) ( 32.47   41.30) ( 34.76   30.10) ( 22.69   21.40) ( 28.81   26.40)
( 40.58   48.80) ( 27.96   26.60) ( 16.91   17.10) ( 29.86   24.00) ( 20.42   19.30)
( 23.55   33.00) ( 15.66   13.40) ( 22.88   23.00) ( 29.88   30.50) (  0.59   13.80)
( 30.53   34.70) ( 11.13   12.00) ( 30.08   32.70) (  7.79   11.90) ( 17.74   12.60)
( 23.68   19.10) ( 18.72   15.00) ( 12.31   10.50) ( 23.41   19.20) ( 22.49   22.50)
( 29.02   24.10) ( 27.83   23.90) ( 43.79   50.00) ( 21.77   21.20) ( 28.52   31.20)
( 14.29   27.50) ( 14.02   14.30) ( 34.03   34.90) ( 27.00   20.60) ( 41.91   48.50)
( 22.72   11.90) ( 34.82   39.80) (  7.75    7.20) ( 21.92   21.70) ( 20.67   16.20)
( 25.29   22.90) ( 22.70   20.30) ( 23.68   20.10) ( 36.26   50.00) ( 27.63   25.20)
```

(16.49   20.00) (7.35   7.00) (38.93   50.00) (25.40   25.00) (27.01   27.10)
(20.19   20.40) (24.02   20.50) (18.01   19.60) (22.70   20.00) (34.96   33.20)
(17.71   19.90) (23.89   22.40) (34.02   37.90) (24.15   21.50) (22.68   19.80)
(17.35   19.50) (27.68   24.50) (23.44   24.70) (19.62   18.20) (18.79   16.00)
(16.86   20.20) (22.30   22.40) (14.92   20.10) (19.74   18.50) (26.37   22.00)
(15.17   14.90) (25.53   25.30) (15.14   14.80) (39.50   46.00) (32.07   31.10)
(35.60   36.50) (9.69   17.80) (11.39   16.50) (18.71   18.90) (31.60   29.00)
(15.82   17.40) (37.30   37.60) (19.38   16.80) (2.88   8.10) (22.20   22.00)
(28.83   23.00) (17.00   23.20) (25.34   24.20) (21.43   19.70) (20.22   18.30)
(11.36   16.30) (20.59   21.50) (30.43   32.90) (26.59   22.60) (19.96   20.40)
(32.05   29.80) (19.40   15.30) (15.68   18.40) (24.37   23.10) (13.75   10.90)
(31.35   50.00) (14.63   15.00)
MSE= 22.752573007604823

从这个结果看出预测的结果与真实的值偏差不大，如图 5-10 所示为画出的直观图，图中"+"的 Y_pred 与"●"的 Y_test 直线很接近，说明这个线性回归还是比较成功的。

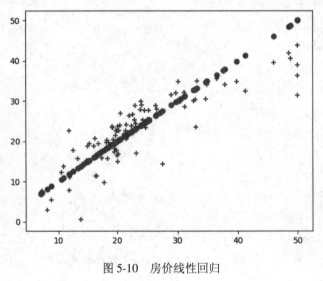

图 5-10   房价线性回归

练   习

1．什么是机器学习？什么是监督学习？什么是无监督学习？

2．怎样理解机器学习的一个样本数据一般是多维空间的一个点，请举例说明。

3．K-means 的基本思想是什么？

4．根据 K-means 的思想，使用手工方法把平面上四个点 A(1, 1)、B(0, 1)、C(2, 3)、D(3, 3) 分成两个类。